Представление универсальной алгебры

Полиморфизм

I0484986

Александр Клейн

Aleks_Kleyn@MailAPS.org
http://AleksKleyn.dyndns-home.com:4080/
http://sites.google.com/site/AleksKleyn/
http://arxiv.org/a/kleyn_a_1
http://AleksKleyn.blogspot.com/

Аннотация. Модуль - это эффективное представление кольца в абелевой группе. Линейное отображение модуля над коммутативным кольцом - это морфизм соответствующего представления. Это определение является центральной темой предлагаемой книги.

Чтобы рассмотреть это определение с более общей точки зрения, в первой половине книги я рассмотрел декартово произведение представлений. Полиморфизм представлений - это отображение декартова произведения представлений, которое является морфизмом представлений по каждому отдельному аргументу. Приведенный морфизм представлений позволяет упростить изучение морфизмов представлений. Однако представление должно удостоверять определённым требованиям для того, чтобы существовал приведенный полиморфизм представлений. Возможно, что абелевая группа является единственной Ω-алгеброй, представление в которой допускает полиморфизм представлений. Однако сегодня это утверждение не доказано.

Мультипликативная Ω-группа - это Ω-алгебра, в которой определено произведение. Определение тензорного произведения представлений абелевой мультипликативной Ω-группы опирается на свойства приведенного полиморфизма представлений абелевой мультипликативной Ω-группы.

Так как алгебра - это модуль, в котором определено произведение, то мы можем применить эту теории к изучению линейных отображений алгебры. Например, множество линейных преобразований D-алгебры A можно рассматривать как представление алгебры $A \otimes A$ в алгебре A.

CreateSpace Independent Publishing Platform

ISBN: 1511464941

ISBN-13: 978-1511464949

Оглавление

Глава 1

Предисловие

1.1. Предисловие

Существует несколько эквивалентных определений модуля. Для меня наиболее интересно определение модуля как эффективное представление коммутативного кольца в абелевой группе. Это позволяет рассмотреть конструкции линейной алгебры с более общей точки зрения и понять какие конструкции верны в других алгебраических теориях. Например, мы можем рассматривать линейное отображение как морфизм представления, т. е. отображение, которое сохраняет структуру представления.

Модуль, в котором определено произведение, называется алгеброй. В зависимости от решаемой задачи, мы можем рассматривать различные алгебраические структуры на алгебре. Соответственно меняются отображения, сохраняющие структуру алгебры.

Если нас не интересует представление кольца D в D-алгебре A, то алгебра A является кольцом. Отображение, сохраняющее структуру алгебры как кольца, называется гомоморфизмом алгебры. Если нас не интересует произведение в D-алгебре A, то мы рассматриваем D-алгебру как модуль. Отображение, сохраняющее структуру алгебры как модуля, называется линейным отображением D-алгебры. Линейные отображения являются важным инструментом при изучении математического анализа. Отображение, сохраняющее структуру представления, называется линейным гомоморфизмом. В разделе 5.3 я показал существование нетривиального линейного гомоморфизма.

Основной замысел этой книги - попытка перенести в представление Ω_1-алгебры (которую мы будем называть Ω_1-алгеброй преобразований Ω_2-алгебры или просто Ω_1-алгеброй преобразований) некоторые понятия, с которыми мы хорошо знакомы в линейной алгебре. Поскольку линейное отображение - это приведенный морфизм модуля, если мы рассматриваем модуль как представление кольца в абелевой группе, то определение полиморфизма представлений является естественным обобщением полилинейного отображения.

Изучая линейное отображение над некоммутативным кольцом с делением D, мы приходим к выводу что в равенстве

$$f(ax) = af(x)$$

a не может быть произвольным элементом кольца D, но должно принадлежать центру кольца D. Это позволяет сделать теорию линейных отображений интересной и богатой.

Поэтому, также как в случае полилинейного отображения, мы требуем, чтобы преобразование, которое Ω_1-алгебра порождает в одном сомножителе, можно было бы перенести на любой другой сомножитель. Вообще говоря, это требование не представляется жёстким, но выполнение этого требования позволяет рассматривать Ω_1-алгебру преобразований как абелеву мультипликативную Ω_1-группу.

Тензорное произведение векторных пространств ассоциативно. Рассмотрение ассоциативности тензорного произведения представлений порождает новое ограничение на полиморфизм представлений. Любые две операции Ω_2-алгебры должны удовлетворять равенству (3.1.19). Возможно, что абелева группа является единственной Ω_2-алгеброй, представление в которой допускает полиморфизм представлений. Однако сегодня это утверждение не доказано.

Если мы верим в некоторое утверждение, которое мы не можем доказать или опровергнуть, то открытие противоположного утверждения может привести к интересным открытиям. На протяжении тысячелетий математики пытались доказать пятый постулат Евклида. Лобачевский и Больяй доказали, что существует геометрия, где этот постулат неверен. Математики пытались найти решение алгебраического уравнения, используя радикалы. Однако Галуа доказал, что это невозможно сделать, если степень уравнения выше 4.

Я долгое время полагал, что из существования приведенного морфизма представления следует существование приведенного полиморфизма представления. Теорема 3.1.13 оказалась для меня полной неожиданностью.

Я полагаю, что текст о полиморфизме и тензорном произведении представлений важен.

- Написав серию статей, посвящённых математическому анализу над банаховыми алгебрами, я полагал, что однажды я смогу написать подобную статью о математическом анализе в произвольном представлении. Меня смущала необходимость отказаться от сложения как оценки как мало расстояние между отображениями. Конечно, я могу утверждать, что морфизм представления находится в окрестности рассматриваемого отображения. Однако сложение является существенной компонентой построения. Отсутствие приведенного полиморфизма лишает меня возможности определить производные второго порядка.

- Аналогично тому, как мы рассматриваем линейное отображение D-алгебры, мы можем рассматривать линейное отображение эффективного представления в абелевой Ω_2-группе. Структура линейного отображения эффективного представления в абелевой Ω_2-группе сложнее чем структура линейного отображения D-алгебры. Однако это задача интересна для меня, и я надеюсь вернуться к ней в будущем.

1.2. Соглашения

Соглашение 1.2.1. *Элемент Ω-алгебры A называется A-числом. Например, комплексное число также называется C-числом, а кватернион называется H-числом.* $\square$

Соглашение 1.2.2. *Я обозначаю $\Omega(n)$ множество n-арных операций Ω-алгебры.* $\square$

Соглашение 1.2.3. *Пусть A - Ω_1-алгебра. Пусть B - Ω_2-алгебра. Запись*

$$A \longrightarrow_* B$$

означает, что определено представление Ω_1-алгебры A в Ω_2-алгебре B. $\square$

Глава 2

Произведение представлений

2.1. Декартово произведение универсальных алгебр

Определение 2.1.1. *Пусть $\mathcal{A}$ - категория. Пусть $\{B_i, i \in I\}$ - множество объектов из $\mathcal{A}$. Объект*

$$P = \prod_{i \in I} B_i$$

и множество морфизмов

$$\{ f_i : P \longrightarrow B_i , i \in I\}$$

*называется **произведением объектов** $\{B_i, i \in I\}$ **в категории** $\mathcal{A}$[2.1], если для любого объекта R и множество морфизмов*

$$\{ g_i : R \longrightarrow B_i , i \in I\}$$

существует единственный морфизм

$$h : R \longrightarrow P$$

такой, что диаграмма

$$f_i \circ h = g_i$$

коммутативна для всех $i \in I$.

Если $|I| = n$, то для произведения объектов $\{B_i, i \in I\}$ в $\mathcal{A}$ мы так же будем пользоваться записью

$$P = \prod_{i=1}^{n} B_i = B_1 \times ... \times B_n$$

$\square$

Пример 2.1.2. *Пусть $\mathcal{S}$ - категория множеств.[2.2] Согласно определению 2.1.1, декартово произведение*

$$A = \prod_{i \in I} A_i$$

[2.1]Определение дано согласно [1], страница 45.

[2.2]Смотри также пример в [1], страница 45.

семейства множеств $(A_i, i \in I)$ *и семейство проекций на i-й множитель*

$$p_i : A \to A_i$$

являются произведением в категории $\mathcal{S}$. $\square$

ТЕОРЕМА 2.1.3. *Произведение существует в категории* $\mathcal{A}$ Ω-*алгебр. Пусть* Ω-*алгебра* A *и семейство морфизмов*

$$p_i : A \to A_i \quad i \in I$$

является произведением в категории $\mathcal{A}$. *Тогда*

2.1.3.1: *Множество* A *является декартовым произведением семейства множеств* $(A_i, i \in I)$

2.1.3.2: *Гомоморфизм* Ω-*алгебры*

$$p_i : A \to A_i$$

является проекцией на i-й множитель.

2.1.3.3: *Любое* A-*число* a *может быть однозначно представлено в виде кортежа* $(p_i(a), i \in I)$ A_i-*чисел.*

2.1.3.4: *Пусть* $\omega \in \Omega$ - n-*арная операция. Тогда операция* ω *определена покомпонентно*

(2.1.1) $$a_1...a_n\omega = (a_{1i}...a_{ni}\omega, i \in I)$$

где $a_1 = (a_{1i}, i \in I), ..., a_n = (a_{ni}, i \in I)$.

ДОКАЗАТЕЛЬСТВО. Пусть

$$A = \prod_{i \in I} A_i$$

декартово произведение семейства множеств $(A_i, i \in I)$ и, для каждого $i \in I$, отображение

$$p_i : A \to A_i$$

является проекцией на i-й множитель. Рассмотрим диаграмму морфизмов в категории множеств $\mathcal{S}$

(2.1.2)
$$A \xrightarrow{p_i} A_i \qquad p_i \circ \omega = g_i$$
$$\omega \uparrow \quad \nearrow g_i$$
$$A^n$$

где отображение g_i определено равенством

$$g_i(a_1, ..., a_n) = p_i(a_1)...p_i(a_n)\omega$$

Согласно определению 2.1.1, отображение ω определено однозначно из множества диаграмм (2.1.2)

(2.1.3) $$a_1...a_n\omega = (p_i(a_1)...p_i(a_n)\omega, i \in I)$$

Равенство (2.1.1) является следствием равенства (2.1.3). $\square$

Определение 2.1.4. *Если Ω-алгебра A и семейство морфизмов*

$$p_i : A \to A_i \quad i \in I$$

является произведением в категории $\mathcal{A}$, то Ω-алгебра A называется **прямым** *или* **декартовым произведением Ω-алгебр** $(A_i, i \in I)$. □

Теорема 2.1.5. *Пусть множество A является декартовым произведением множеств $(A_i, i \in I)$ и множество B является декартовым произведением множеств $(B_i, i \in I)$. Для каждого $i \in I$, пусть*

$$f_i : A_i \to B_i$$

является отображением множества A_i в множество B_i. Для каждого $i \in I$, рассмотрим коммутативную диаграмму

(2.1.4)

$$
\begin{array}{ccc}
B & \xrightarrow{p_i'} & B_i \\
{\scriptstyle f}\big\uparrow & & \big\uparrow{\scriptstyle f_i} \\
A & \xrightarrow[p_i]{} & A_i
\end{array}
$$

где отображения p_i, p_i' являются проекцией на i-й множитель. Множество коммутативных диаграмм (2.1.4) *однозначно определяет отображение*

$$f : A_1 \to A_2$$
$$f(a_i, i \in I) = (f_i(a_i), i \in I)$$

Доказательство. Для каждого $i \in I$, рассмотрим коммутативную диаграмму

(2.1.5)

$$
\begin{array}{ccc}
B & \xrightarrow{\quad p_i' \quad} & B_i \\
{\scriptstyle f}\big\uparrow & {\scriptstyle (1)} \quad {}^{g_i}\!\!\nearrow & \big\uparrow{\scriptstyle f_i} \\
& \quad (2) & \\
A & \xrightarrow[\quad p_i \quad]{} & A_i
\end{array}
$$

Пусть $a \in A$. Согласно утверждению 2.1.3.3, A-число a может быть представлено в виде кортежа A_i-чисел

(2.1.6) $$a = (a_i, i \in I) \quad a_i = p_i(a) \in A_i$$

Пусть

(2.1.7) $$b = f(a) \in B$$

Согласно утверждению 2.1.3.3, B-число b может быть представлено в виде кортежа B_i-чисел

(2.1.8) $$b = (b_i, i \in I) \quad b_i = p_i'(b) \in B_i$$

Из коммутативности диаграммы (1) и из равенств (2.1.7), (2.1.8) следует, что

(2.1.9) $$b_i = g_i(b)$$

Из коммутативности диаграммы (2) и из равенства (2.1.6) следует, что

$$b_i = f_i(a_i)$$

$\square$

Теорема 2.1.6. *Пусть Ω-алгебра A является декартовым произведением Ω-алгебр $(A_i, i \in I)$ и Ω-алгебра B является декартовым произведением Ω-алгебр $(B_i, i \in I)$. Для каждого $i \in I$, пусть отображение*

$$f_i : A_i \to B_i$$

является гомоморфизмом Ω-алгебры. Тогда отображение

$$f : A_1 \to A_2$$

определённое равенством

(2.1.10) $$f(a_i, i \in I) = (f_i(a_i), i \in I)$$

является гомоморфизмом Ω-алгебры.

Доказательство. Пусть $\omega \in \Omega$ - n-арная операция. Пусть $a_1 = (a_{1i}, i \in I)$, ..., $a_n = (a_{ni}, i \in I)$ и $b_1 = (b_{1i}, i \in I)$, ..., $b_n = (b_{ni}, i \in I)$. Из равенств (2.1.1), (2.1.10) следует, что

$$f(a_1...a_n\omega) = f(a_{1i}...a_{ni}\omega, i \in I)$$
$$= (f_i(a_{1i}...a_{ni}\omega), i \in I)$$
$$= ((f_i(a_{1i}))...(f_i(a_{ni})), i \in I)$$
$$= (b_{1i}...b_{ni}\omega, i \in I)$$
$$f(a_1)...f(a_n)\omega = b_1...b_n\omega = (b_{1i}...b_{ni}\omega, i \in I)$$

$\square$

2.2. Декартово произведение представлений

Лемма 2.2.1. *Пусть*

$$A = \prod_{i \in I} A_i$$

декартово произведение семейства Ω_1-алгебр $(A_i, i \in I)$. Для каждого $i \in I$, пусть множество ${}^*A_i$ является Ω_2-алгеброй. Тогда множество

(2.2.1) $$^\circ A = \{f \in {}^*A : f(a_i, i \in I) = (f_i(a_i), i \in I)\}$$

является декартовым произведением Ω_2-алгебр ${}^*A_i$.

Доказательство. Согласно определению (2.2.1), мы можем представить отображение $f \in {}^{\circ}A$ в виде кортежа

$$f = (f_i, i \in I)$$

отображений $f_i \in {}^*A_i$. Согласно определению (2.2.1),

$$(f_i, i \in I)(a_i, i \in I) = (f_i(a_i), i \in I)$$

Пусть $\omega \in \Omega_2$ - n-арная операция. Мы определим операцию ω на множестве ${}^{\circ}A$ равенством

$$((f_{1i}, i \in I)...(f_{ni}, i \in I)\omega)(a_i, i \in I) = ((f_{1i}(a_i))...(f_{ni}(a_i))\omega, i \in I)$$

$\square$

Определение 2.2.2. *Пусть $\mathcal{A}_1$ - категория Ω_1-алгебр. Пусть $\mathcal{A}_2$ - категория Ω_2-алгебр. Мы определим* **категорию** $(\mathcal{A}_1*)\mathcal{A}_2$ **левосторонних представлений**. *Объектами этой категории являются левосторонние представления Ω_1-алгебры в Ω_2-алгебре. Морфизмами этой категории являются морфизмы соответствующих представлений.* $\square$

Теорема 2.2.3. *В категории $(\mathcal{A}_1*)\mathcal{A}_2$ существует произведение однотранзитивных левосторонних представлений Ω_1-алгебры в Ω_2-алгебре.*

Доказательство. Для $j = 1, 2$, пусть

$$P_j = \prod_{i \in I} B_{ji}$$

произведение семейства Ω_j-алгебр $\{B_{ji}, i \in I\}$ и для любого $i \in I$ отображение

$$t_{ji} : P_j \longrightarrow B_{ji}$$

является проекцией на множитель i. Для каждого $i \in I$, пусть

$$h_i : B_{1i} {-\!\!*\!\!\longrightarrow} B_{2i}$$

однотранзитивное $B_{1i}*$-представление в Ω_2-алгебре B_{2i}.

Пусть $b_1 \in P_1$. Согласно утверждению 2.1.3.3, P_1-число b_1 может быть представлено в виде кортежа B_{1i}-чисел

(2.2.2) $$b_1 = (b_{1i}, i \in I) \quad b_{1i} = t_{1i}(b_1) \in B_{1i}$$

Пусть $b_2 \in P_2$. Согласно утверждению 2.1.3.3, P_2-число b_2 может быть представлено в виде кортежа B_{2i}-чисел

(2.2.3) $$b_2 = (b_{2i}, i \in I) \quad b_{2i} = t_{2i}(b_2) \in B_{2i}$$

Лемма 2.2.4. *Для каждого $i \in I$, рассмотрим диаграмму отображений*

(2.2.4)

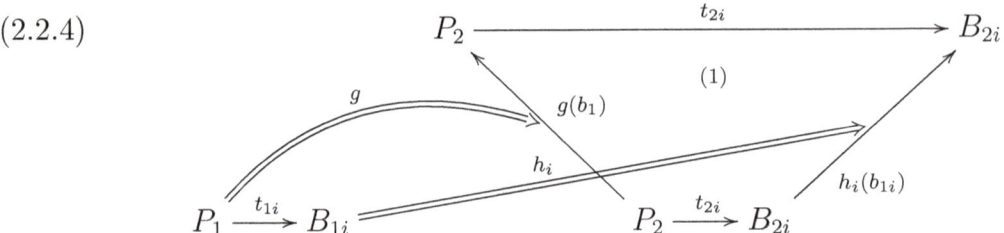

Пусть отображение

$$g : P_1 \to {}^*P_2$$

определено равенством

(2.2.5) $$g(b_1) \circ b_2 = (h_i(b_{1i}) \circ b_{2i}, i \in I)$$

Тогда отображение g является однотранзитивным P_1*-представлением в Ω_2-алгебре P_2

$$g : P_1 \overset{*}{-\!\!\!\longrightarrow} P_2$$

Отображение (t_{1i}, t_{2i}) является морфизмом представления g в представление h_i.

Доказательство.

2.2.4.1: Согласно определениям [5]-3.1.1, [5]-3.1.2, отображение $h_i(b_{1i})$ является гомоморфизмом Ω_2-алгебры B_{2i}. Согласно теореме 2.1.6, из коммутативности диаграммы (1) для каждого $i \in I$, следует, что отображение

$$g(b_1) : P_2 \to P_2$$

определённое равенством (2.2.5) является гомоморфизмом Ω_2-алгебры P_2.

2.2.4.2: Согласно определению [5]-3.1.2, множество $\,^*B_{2i}\,$ является Ω_1-алгеброй. Согласно лемме 2.2.1, множество $\,^\circ P_2 \subseteq\, ^*P_2\,$ является Ω_1-алгеброй.

2.2.4.3: Согласно определению [5]-3.1.2, отображение

$$h_i : B_{1i} \to {}^*B_{2i}$$

является гомоморфизмом Ω_1-алгебры. Согласно теореме 2.1.6, отображение

$$g : P_1 \to {}^*P_2$$

определённое равенством

$$g(b_1) = (h_i(b_{1i}), i \in I)$$

является гомоморфизмом Ω_1-алгебры.

Согласно утверждениям 2.2.4.1, 2.2.4.3 и определению [5]-3.1.2, отображение g является P_1*-представлением в Ω_2-алгебре P_2.

Пусть $b_{21}, b_{22} \in P_2$. Согласно утверждению 2.1.3.3, P_2-числа b_{21}, b_{22} могут быть представлены в виде кортежей B_{2i}-чисел

$$(2.2.6) \quad \begin{aligned} b_{21} &= (b_{21i}, i \in I) \quad b_{21i} = t_{2i}(b_{21}) \in B_{2i} \\ b_{22} &= (b_{22i}, i \in I) \quad b_{22i} = t_{2i}(b_{22}) \in B_{2i} \end{aligned}$$

Согласно теореме [5]-3.1.9, поскольку представление h_i однотранзитивно, то существует единственное B_{1i}-число b_{1i} такое, что

$$b_{22i} = h_i(b_{1i}) \circ b_{21i}$$

Согласно определениям (2.2.2), (2.2.5), (2.2.6), существует единственное P_1-число b_1 такое, что

$$b_{22} = g(b_1) \circ b_{21}$$

Согласно теореме [5]-3.1.9, представление g однотранзитивно.

Из коммутативности диаграммы (1) и определения [5]-3.2.2, следует, что отображение (t_{1i}, t_{2i}) является морфизмом представления g в представление h_i.

$\odot$

Пусть

$$(2.2.7) \quad d_2 = g(b_1) \circ b_2 \quad d_2 = (d_{2i}, i \in I)$$

Из равенств (2.2.5), (2.2.7) следует, что

$$(2.2.8) \quad d_{2i} = h_i(b_{1i}) \circ b_{2i}$$

Для $j = 1, 2$, пусть R_j - другой объект категории $\mathcal{A}_j$. Для любого $i \in I$, пусть отображение

$$r_{1i} : R_1 \longrightarrow B_{1i}$$

является морфизмом из Ω_1-алгебра R_1 в Ω_1-алгебру B_{1i}. Согласно определению 2.1.1, существует единственный морфизм Ω_1-алгебры

$$s_1 : R_1 \longrightarrow P_1$$

такой, что коммутативна диаграмма

$$(2.2.9) \quad \begin{array}{ccc} P_1 & \xrightarrow{t_{1i}} & B_{1i} \\ {\scriptstyle s_1}\big\uparrow & \nearrow_{r_{1i}} & \\ R_1 & & \end{array} \qquad t_{1i} \circ s_1 = r_{1i}$$

Пусть $a_1 \in R_1$. Пусть

$$(2.2.10) \quad b_1 = s_1(a_1) \in P_1$$

Из коммутативности диаграммы (2.2.9) и утверждений (2.2.10), (2.2.2) следует, что

$$(2.2.11) \quad b_{1i} = r_{1i}(a_1)$$

Пусть

$$f : R_1 \overset{*}{\longrightarrow} R_2$$

однотранзитивное R_1*-представление в Ω_2-алгебре R_2. Согласно теореме [5]-3.2.10, морфизм Ω_2-алгебры

$$r_{2i} : R_2 \longrightarrow B_{2i}$$

такой, что отображение (r_{1i}, r_{2i}) является морфизмом представлений из f в h_i, определён однозначно с точностью до выбора образа R_2-числа a_2. Согласно замечанию [5]-3.2.6, в диаграмме отображений

(2.2.12)

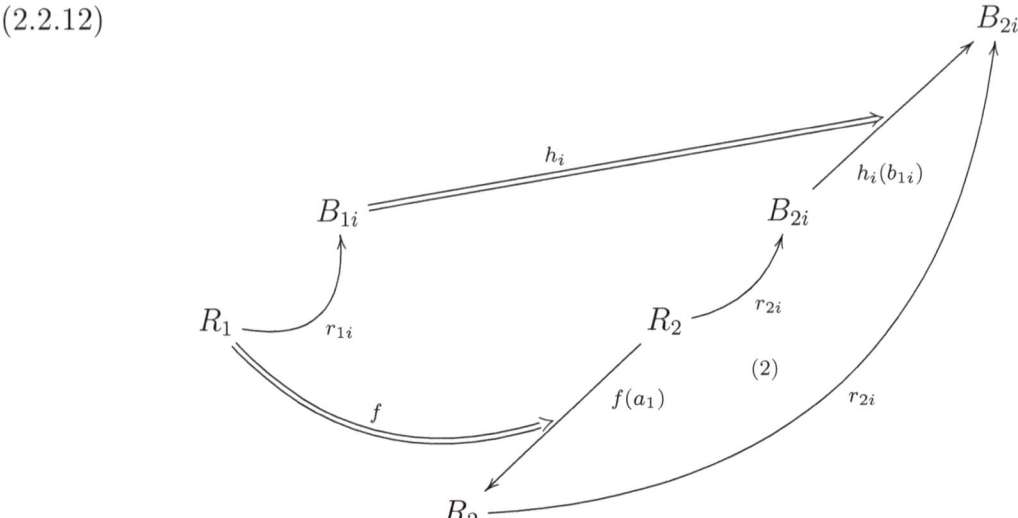

диаграмма (2) коммутативна. Согласно определению 2.1.1, существует един-ственный морфизм Ω_2-алгебры

$$s_2 : R_2 \longrightarrow P_2$$

такой, что коммутативна диаграмма

(2.2.13)
$$P_2 \overset{t_{2i}}{\longrightarrow} B_{2i} \qquad t_{2i} \circ s_2 = r_{2i}$$
$$s_2 \uparrow \quad \nearrow r_{2i}$$
$$R_2$$

Пусть $a_2 \in R_2$. Пусть

(2.2.14) $$b_2 = s_2(a_2) \in P_2$$

Из коммутативности диаграммы (2.2.13) и утверждений (2.2.14), (2.2.3) сле-дует, что

(2.2.15) $$b_{2i} = r_{2i}(a_2)$$

Пусть

(2.2.16) $$c_2 = f(a_1) \circ a_2$$

Из коммутативности диаграммы (2) и равенств (2.2.8), (2.2.15), (2.2.16) следует, что

$$(2.2.17) \qquad\qquad d_{2i} = r_{2i}(c_2)$$

Из равенств (2.2.8), (2.2.17) следует, что

$$(2.2.18) \qquad\qquad d_2 = s_2(c_2)$$

что согласуется с коммутативносью диаграммы (2.2.13).

Для каждого $i \in I$, мы объединим диаграммы отображений (2.2.4), (2.2.9), (2.2.13), (2.2.12)

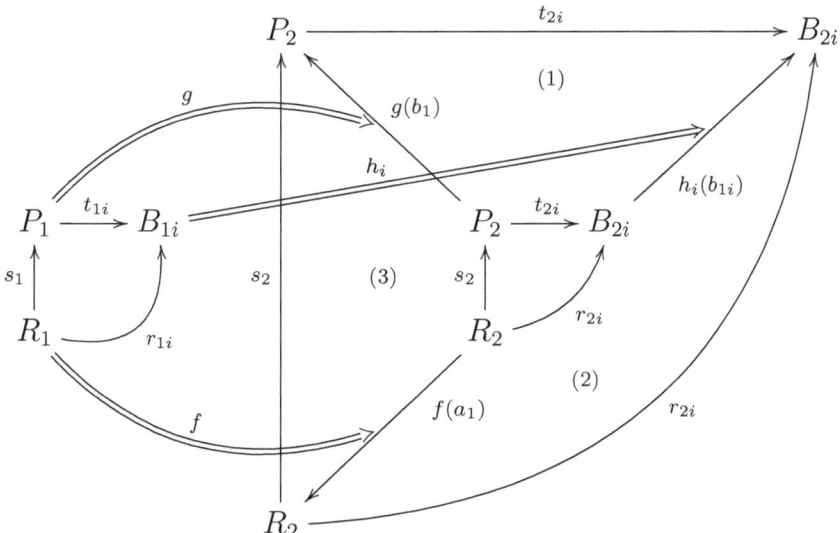

Из равенств (2.2.7) (2.2.14) и из равенств (2.2.16), (2.2.18), следует коммутативность диаграммы (3). Следовательно, отображение (s_1, s_2) является морфизмом представлений из f в g., Согласно теореме [5]-3.2.10, морфизм (s_1, s_2) определён однозначно, так как мы требуем (2.2.18).

Согласно определению 2.1.1, представление g и семейство морфизмов представления $((t_{1i}, t_{2i}), i \in I)$ является произведением в категории $(\mathcal{A}_1*)\mathcal{A}_2$. □

2.3. Приведенное декартово произведение представлений

ОПРЕДЕЛЕНИЕ 2.3.1. *Пусть A_1 - Ω_1-алгебра. Пусть $\mathcal{A}_2$ - категория Ω_2-алгебр. Мы определим* **категорию** $(A_1*)\mathcal{A}_2$ **левосторонних представлений**. *Объектами этой категории являются левосторонние представления Ω_1-алгебры A_1 в Ω_2-алгебре. Морфизмами этой категории являются приведенные морфизмы соответствующих представлений.* □

ТЕОРЕМА 2.3.2. *В категории $(A_1*)\mathcal{A}_2$ существует произведение эффективных левосторонних представлений Ω_1-алгебры A_1 в Ω_2-алгебре и это произведение является эффективным левосторонним представлением Ω_1-алгебры A_1.*

Доказательство. Пусть

$$A_2 = \prod_{i \in I} A_{2i}$$

произведение семейства Ω_2-алгебр $\{A_{2i}, i \in I\}$ и для любого $i \in I$ отображение

$$t_i : A_2 \longrightarrow A_{2i}$$

является проекцией на множитель i. Для каждого $i \in I$, пусть

$$h_i : A_1 \dashrightarrow A_{2i}$$

эффективное A_1*-представление в Ω_2-алгебре A_{2i}.

Пусть $b_1 \in A_1$. Пусть $b_2 \in A_2$. Согласно утверждению 2.1.3.3, A_2-число b_2 может быть представлено в виде кортежа A_{2i}-чисел

(2.3.1) $$b_2 = (b_{2i}, i \in I) \quad b_{2i} = t_i(b_2) \in A_{2i}$$

Лемма 2.3.3. *Для каждого $i \in I$, рассмотрим диаграмму отображений*

(2.3.2)

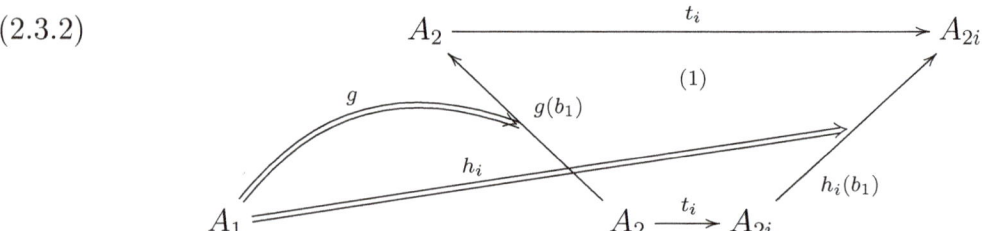

Пусть отображение

$$g : A_1 \to {}^* A_2$$

определено равенством

(2.3.3) $$g(b_1) \circ b_2 = (h_i(b_1) \circ b_{2i}, i \in I)$$

Тогда отображение g является эффективным A_1*-представлением в Ω_2-алгебре A_2

$$g : A_1 \dashrightarrow A_2$$

Отображение t_i является приведенным морфизмом представления g в представление h_i.

Доказательство.

2.3.3.1: Согласно определениям [5]-3.1.1, [5]-3.1.2, отображение $h_i(b_1)$ является гомоморфизмом Ω_2-алгебры A_{2i}. Согласно теореме 2.1.6, из коммутативности диаграммы (1) для каждого $i \in I$, следует, что отображение

$$g(b_1) : A_2 \to A_2$$

определённое равенством (2.3.3) является гомоморфизмом Ω_2-алгебры A_2.

2.3.3.2: Согласно определению [5]-3.1.2, множество $^*A_{2i}$ является Ω_1-алгеброй. Согласно лемме 2.2.1, множество $^\circ A_2 \subseteq {}^*A_2$ является Ω_1-алгеброй.

2.3.3.3: Согласно определению [5]-3.1.2, отображение

$$h_i : A_1 \to {}^*A_{2i}$$

является гомоморфизмом Ω_1-алгебры. Согласно теореме 2.1.6, отображение

$$g : A_1 \to {}^*A_2$$

определённое равенством

$$g(b_1) = (h_i(b_1), i \in I)$$

является гомоморфизмом Ω_1-алгебры.

Согласно утверждениям 2.3.3.1, 2.3.3.3 и определению [5]-3.1.2, отображение g является A_1*-представлением в Ω_2-алгебре A_2.

Для любого $i \in I$, согласно определению [5]-3.1.6, A_1-число a_1 порождает единственное преобразование

$$(2.3.4) \qquad b_{22i} = h_i(b_1) \circ b_{21i}$$

Пусть $b_{21}, b_{22} \in A_2$. Согласно утверждению 2.1.3.3, A_2-числа b_{21}, b_{22} могут быть представлены в виде кортежей A_{2i}-чисел

$$(2.3.5) \qquad \begin{aligned} b_{21} = (b_{21i}, i \in I) \quad b_{21i} = t_i(b_{21}) \in A_{2i} \\ b_{22} = (b_{22i}, i \in I) \quad b_{22i} = t_i(b_{22}) \in A_{2i} \end{aligned}$$

Согласно определению (2.3.3) представления g, из равенств (2.3.4), (2.3.5) следует, что A_1-число a_1 порождает единственное преобразование

$$(2.3.6) \qquad b_{22} = (h_i(b_1) \circ b_{21i}, i \in I) = g(b_1) \circ b_{21}$$

Согласно определению [5]-3.1.6, представление g эффективно.

Из коммутативности диаграммы (1) и определения [5]-3.2.2, следует, что отображение t_i является приведенным морфизмом представления g в представление h_i. $\odot$

Пусть

$$(2.3.7) \qquad d_2 = g(b_1) \circ b_2 \quad d_2 = (d_{2i}, i \in I)$$

Из равенств (2.3.3), (2.3.7) следует, что

$$(2.3.8) \qquad d_{2i} = h_i(b_1) \circ b_{2i}$$

Пусть R_2 - другой объект категории $\mathcal{A}_2$. Пусть

$$f : A_1 \dashrightarrow R_2$$

эффективное A_1*-представление в Ω_2-алгебре R_2. Для любого $i \in I$, пусть существует морфизм

$$r_i : R_2 \longrightarrow A_{2i}$$

представлений из f в h_i. Согласно замечанию [5]-3.2.6, в диаграмме отображений

(2.3.9)

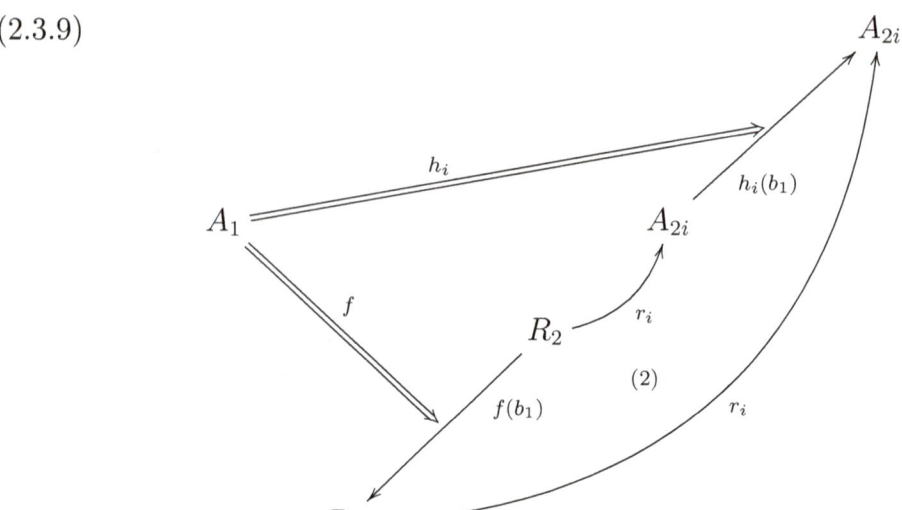

диаграмма (2) коммутативна. Согласно определению 2.1.1, существует единственный морфизм Ω_2-алгебры

$$s : R_2 \longrightarrow A_2$$

такой, что коммутативна диаграмма

(2.3.10) $\qquad A_2 \xrightarrow{\ t_i\ } A_{2i} \qquad t_i \circ s = r_i$

Пусть $a_2 \in R_2$. Пусть

(2.3.11) $\qquad\qquad\qquad b_2 = s(a_2) \in A_2$

Из коммутативности диаграммы (2.3.10) и утверждений (2.3.11), (2.3.1) следует, что

(2.3.12) $\qquad\qquad\qquad b_{2i} = r_i(a_2)$

Пусть

(2.3.13) $\qquad\qquad\qquad c_2 = f(a_1) \circ a_2$

Из коммутативности диаграммы (2) и равенств (2.3.8), (2.3.12), (2.3.13) следует, что

(2.3.14) $\qquad\qquad\qquad d_{2i} = r_i(c_2)$

Из равенств (2.3.8), (2.3.14) следует, что

(2.3.15) $\qquad\qquad\qquad d_2 = s(c_2)$

что согласуется с коммутативносью диаграммы (2.3.10).

Для каждого $i \in I$, мы объединим диаграммы отображений (2.3.2), (2.3.10), (2.3.9)

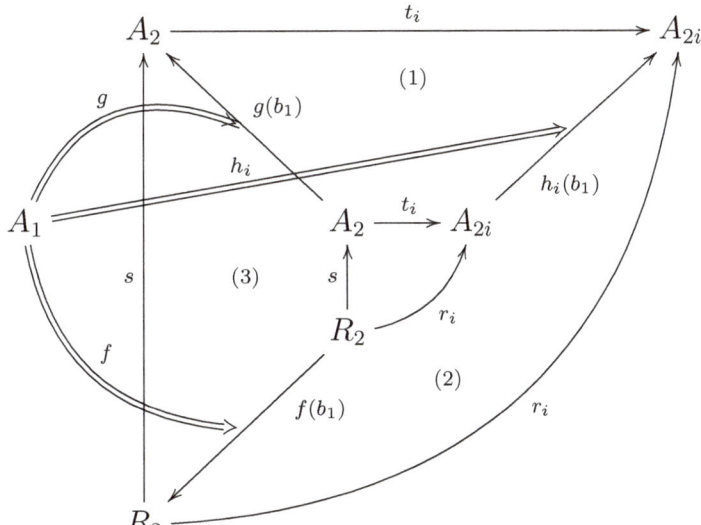

Из равенств (2.3.7), (2.3.11) и из равенств (2.3.13), (2.3.15), следует коммутативность диаграммы (3). Следовательно, отображение s является приведенным морфизмом представлений из f в g. Согласно замечанию [3]-2.3.2, отображение s является гомоморфизмом Ω_2 алгебры. Согласно теореме 2.1.3 и определению 2.1.1, приведенный морфизм s определён однозначно.

Согласно определению 2.1.1, представление g и семейство морфизмов представления $(t_i, i \in I)$ является произведением в категории $(A_1 *) \mathcal{A}_2$. $\square$

Глава 3

Тензорное произведение представлений

3.1. Полиморфизм представлений

Определение 3.1.1. *Пусть A_1, ..., A_n - Ω_1-алгебры. Пусть B_1, ..., B_n, B - Ω_2-алгебры. Пусть для любого k, $k = 1$, ..., n,*

$$f_k : A_k \ {-\!\!\ast\!\!\longrightarrow} \ B_k$$

представление Ω_1-алгебры A_k в Ω_2-алгебре B_k. Пусть

$$f : A \ {-\!\!\ast\!\!\longrightarrow} \ B$$

представление Ω_1-алгебры A в Ω_2-алгебре B. Отображение

$$r : A_1 \times ... \times A_n \to A \quad R : B_1 \times ... \times B_n \to B$$

называется **полиморфизмом представлений** *f_1, ..., f_n в представление f, если для любого k, $k = 1$, ..., n, при условии, что все переменные кроме переменных $a_k \in A_k$, $b_k \in B_k$ имеют заданное значение, отображение (r, R) является морфизмом представления f_k в представление f.*

Если $f_1 = ... = f_n$, то мы будем говорить, что отображение (r, R) является полиморфизмом представления f_1 в представление f.

Если $f_1 = ... = f_n = f$, то мы будем говорить, что отображение (r, R) является полиморфизмом представления f. $\square$

Теорема 3.1.2. *Пусть отображение (r, R) является полиморфизмом представлений f_1, ..., f_n в представление f. Отображение (r, R) удовлетворяет равенству*

$$(3.1.1) \qquad R(f_1(a_1)(m_1), ..., f_n(a_n)(m_n)) = f(r(a_1, ..., a_n))(R(m_1, ..., m_n))$$

Пусть $\omega_1 \in \Omega_1(p)$. Для любого k, $k = 1$, ..., n, отображение r удовлетворяет равенству

$$(3.1.2) \qquad \begin{aligned} &r(a_1, ..., a_{k \cdot 1}...a_{k \cdot p}\omega_1, ..., a_n) \\ &= r(a_1, ..., a_{k \cdot 1}, ..., a_n)...r(a_1, ..., a_{k \cdot p}, ..., a_n)\omega_1 \end{aligned}$$

Пусть $\omega_2 \in \Omega_2(p)$. Для любого k, $k = 1$, ..., n, отображение R удовлетворяет равенству

$$(3.1.3) \qquad \begin{aligned} &R(m_1, ..., m_{k \cdot 1}...m_{k \cdot p}\omega_2, ..., m_n) \\ &= R(m_1, ..., m_{k \cdot 1}, ..., m_n)...R(m_1, ..., m_{k \cdot p}, ..., m_n)\omega_2 \end{aligned}$$

ДОКАЗАТЕЛЬСТВО. Равенство (3.1.1) следует из определения 3.1.1 и равенства [5]-(3.2.4). Равенство (3.1.2) следует из утверждения, что для любого k, $k = 1, ..., n$, при условии, что все переменные кроме переменной $x_k \in A_k$ имеют заданное значение, отображение r является гомоморфизмом Ω_1-алгебры A_k в Ω_1-алгебру A. Равенство (3.1.3) следует из утверждения, что для любого k, $k = 1, ..., n$, при условии, что все переменные кроме переменной $m_k \in B_k$ имеют заданное значение, отображение R является гомоморфизмом Ω_2-алгебры B_k в Ω_2-алгебру B. $\qquad\square$

ОПРЕДЕЛЕНИЕ 3.1.3. *Пусть A, B_1, ..., B_n, B - универсальные алгебры. Пусть для любого k, $k = 1, ..., n$,*

$$f_k : A \dashrightarrow B_k$$

эффективное представление Ω_1-алгебры A_k в Ω_2-алгебре B_k. Пусть

$$f : A \dashrightarrow B$$

эффективное представление Ω_1-алгебры A в Ω_2-алгебре B. Отображение

$$r_2 : B_1 \times ... \times B_n \to B$$

называется **приведенным полиморфизмом представлений** $f_1, ..., f_n$ *в представление f, если для любого k, $k = 1, ..., n$, при условии, что все переменные кроме переменной $x_k \in B_k$ имеют заданное значение, отображение R является приведенным морфизмом представления f_k в представление f.*

Если $f_1 = ... = f_n$, то мы будем говорить, что отображение R является приведенным полиморфизмом представления f_1 в представление f.

Если $f_1 = ... = f_n = f$, то мы будем говорить, что отображение R является приведенным полиморфизмом представления f. $\qquad\square$

ТЕОРЕМА 3.1.4. *Пусть отображение R является приведенным полиморфизмом эффективных представлений $f_1, ..., f_n$ в эффективное представление f. Для любого k, $k = 1, ..., n$, отображение R удовлетворяет равенству*

(3.1.4) $$R(m_1, ..., f_k(a) \circ m_k, ..., m_n) = f(a) \circ R(m_1, ..., m_n)$$

Пусть $\omega_2 \in \Omega_2(p)$. Для любого k, $k = 1, ..., n$, отображение R удовлетворяет равенству

(3.1.5) $$R(m_1, ..., m_{k\cdot 1}...m_{k\cdot p}\omega_2, ..., m_n)$$
$$= R(m_1, ..., m_{k\cdot 1}, ..., m_n)...R(m_1, ..., m_{k\cdot p}, ..., m_n)\omega_2$$

ДОКАЗАТЕЛЬСТВО. Равенство (3.1.4) следует из определения 3.1.3 и равенства [5]-(3.2.45). Равенство (3.1.5) следует из утверждения, что для любого k, $k = 1, ..., n$, при условии, что все переменные кроме переменной $m_k \in B_k$ имеют заданное значение, отображение R является гомоморфизмом Ω_2-алгебры B_k в Ω_2-алгебру B. $\qquad\square$

Мы также будем говорить, что отображение (r, R) является полиморфизмом представлений в Ω_2-алгебрах B_1, ..., B_n в представление в Ω_2-алгебре B. Аналогично, мы будем говорить, что отображение R является приведенным полиморфизмом представлений в Ω_2-алгебрах B_1, ..., B_n в представление в Ω_2-алгебре B.

Сравнение определений 3.1.1 и 3.1.3 показывает, что существует разница между этими двумя формами полиморфизма. Особенно хорошо это различие видно при сравнении равенств (3.1.1) и (3.1.4). Если мы хотим иметь возможность выразить приведенный полиморфизм представлений через полиморфизм представлений, то мы должны потребовать, два условия:

(1) Представление f универсальной алгебры содержит тождественное преобразование δ. Следовательно, существует $e \in A$ такой, что $f(e) = \delta$. Не нарушая общности, мы положим, что выбор $e \in A$ не зависит от того, какое представление f_1, ..., f_n мы рассматриваем.

(2) Для любого k, $k = 1, ..., n$,

$$(3.1.6) \qquad r(a_1, ..., a_n) = a_k \quad a_i = e \quad i \neq k$$

Тогда, при условии $a_i = e$, $i \neq k$, равенство (3.1.1) имеет вид

$$(3.1.7) \qquad R(m_1, ..., f_k(a_k) \circ m_k, ..., m_n) = f(r(e, ..., a_k, ..., e)) \circ R(m_1, ..., m_n)$$

Очевидно, что равенство (3.1.7) совпадает с равенством (3.1.4).

Похожая задача появляется при анализе приведенного полиморфизма представлений. Пользуясь равенством (3.1.4), мы можем записать выражение

$$(3.1.8) \qquad R(m_1, ..., f_k(a_k) \circ m_k, ..., f_l(a_l) \circ m_l, ..., m_n)$$

либо в виде

$$
(3.1.9) \quad
\begin{aligned}
&R(m_1, ..., f_k(a_k) \circ m_k, ..., f_l(a_l) \circ m_l, ..., m_n) \\
={}&f(a_k) \circ R(m_1, ..., m_k, ..., f_l(a_l) \circ m_l, ..., m_n) \\
={}&f(a_k) \circ (f(a_l) \circ R(m_1, ..., m_k, ..., m_l, ..., m_n)) \\
={}&(f(a_k) \circ f(a_l)) \circ R(m_1, ..., m_k, ..., m_l, ..., m_n)
\end{aligned}
$$

либо в виде

$$
(3.1.10) \quad
\begin{aligned}
&R(m_1, ..., f_k(a_k) \circ m_k, ..., f_l(a_l) \circ m_l, ..., m_n) \\
={}&f(a_l) \circ R(m_1, ..., f_k(a_k) \circ m_k, ..., m_l, ..., m_n) \\
={}&f(a_l) \circ (f(a_k) \circ R(m_1, ..., m_k, ..., m_l, ..., m_n)) \\
={}&(f(a_l) \circ f(a_k)) \circ R(m_1, ..., m_k, ..., m_l, ..., m_n)
\end{aligned}
$$

Отображения $f(a_k)$, $f(a_l)$ являются гомоморфизмами Ω_2-алгебры B. Следовательно, отображение $f(a_k) \circ f(a_l)$ является гомоморфизмом Ω_2-алгебры B. Однако, не всякая Ω_1-алгебра A имеет такой a (зависящий от a_k и a_l), что

$$f(a) = f(a_k) \circ f(a_l)$$

Если представление f однотранзитивно и для любых A-чисел a, b существует A-число c такое, что

$$(3.1.11) \qquad\qquad f(c) = f(a) \circ f(b)$$

то равенство (3.1.11) определяет A-число c единственным образом. Следовательно, мы можем определить умножение

$$c_1 = a_1 * b_1$$

таким образом, что

$$(3.1.12) \qquad\qquad f(a * b) = f(a) \circ f(b)$$

Определение 3.1.5. *Пусть произведение*

$$c_1 = a_1 * b_1$$

является операцией Ω_1-алгебры A. Положим $\Omega = \Omega_1 \setminus \{*\}$.   Для любой операции $\omega \in \Omega(p)$,   умножение дистрибутивно относительно операция ω

$$(3.1.13) \qquad\qquad a * (b_1...b_n\omega) = (a * b_1)...(a * b_n)\omega$$

$$(3.1.14) \qquad\qquad (b_1...b_n\omega) * a = (b_1 * a)...(b_n * a)\omega$$

Ω_1-алгебра A называется **мультипликативной Ω-группой**.[3.1] $\qquad\square$

Определение 3.1.6. *Пусть A, B - мультипликативные Ω-группы. Отображение*

$$f : A \to B$$

называется **мультипликативным**, *если*

$$f(a * b) = f(a) \circ f(b)$$

$\qquad\qquad\qquad\qquad\qquad\qquad\qquad\qquad\qquad\qquad\qquad\qquad\qquad\square$

Теорема 3.1.7. *Однотранзитивное представление мультипликативной Ω-группы является мультипликативным отображением.*

Доказательство. Утверждение является следствием равенства (3.1.12) и определения 3.1.6. $\qquad\square$

Однако утверждение теоремы 3.1.7 недостаточно, чтобы доказать равенство выражений (3.1.9) и (3.1.10).

Определение 3.1.8. *Если*

$$(3.1.15) \qquad\qquad a * b = b * a$$

то мультипликативная Ω-группа называется **абелевой**. $\qquad\square$

[3.1] Определение мультипликативной Ω-группы похоже на определение [6]-2.1.3 Ω-группы. Однако, Ω-группа предполагает сложение как групповую операцию. Для нас существенно, что групповая операция мультипликативной Ω-группы является произведением. Кроме того, операция ω Ω-группы дистрибутивна относительно сложения. В мультипликативной Ω-группе, произведение дистрибутивно относительно операции ω.

Теорема 3.1.9. *Пусть*

$$f : A \dashrightarrow M$$

эффективное представление абелевой мультипликативной Ω-группы A. Тогда

$$(3.1.16) \quad \begin{aligned} &f(a_k) \circ (f(a_l) \circ R(m_1, ..., m_k, ..., m_l, ..., m_n)) \\ =&f(a_l) \circ (f(a_k) \circ R(m_1, ..., m_k, ..., m_l, ..., m_n)) \end{aligned}$$

Доказательство. Из равенств (3.1.9), (3.1.10), (3.1.12), (3.1.15) следует, что

$$(3.1.17) \quad \begin{aligned} &f(a_k) \circ (f(a_l) \circ R(m_1, ..., m_k, ..., m_l, ..., m_n)) \\ =&(f(a_k) \circ f(a_l)) \circ R(m_1, ..., m_k, ..., m_l, ..., m_n) \\ =&f(a_k * a_l) \circ R(m_1, ..., m_k, ..., m_l, ..., m_n) \\ =&f(a_l * a_k) \circ R(m_1, ..., m_k, ..., m_l, ..., m_n) \\ =&(f(a_l) \circ f(a_k)) \circ R(m_1, ..., m_k, ..., m_l, ..., m_n) \\ =&f(a_l) \circ (f(a_k) \circ R(m_1, ..., m_k, ..., m_l, ..., m_n)) \end{aligned}$$

Равенство (3.1.16) является следствием равенства (3.1.17). $\square$

Теорема 3.1.10. *Пусть A - абелевая мультипликативная Ω-группа. Пусть R - приведенный полиморфизм эффективных представлений f_1, ..., f_n в эффективное представление f. Тогда для любых k, l, $k = 1$, ..., n, $l = 1$, ..., n,*

$$(3.1.18) \quad \begin{aligned} &R(m_1, ..., f_k(a) \circ m_k, ..., m_l, ..., m_n) \\ =&R(m_1, ..., m_k, ..., f_l(a) \circ m_l, ..., m_n) \end{aligned}$$

Доказательство. Равенство (3.1.18) непосредственно следует из равенства (3.1.4). $\square$

Теорема 3.1.11. *Пусть*

$$A \dashrightarrow B_1 \qquad A \dashrightarrow B_2 \qquad A \dashrightarrow B$$

эффективные представления абелевой мультиплиткативной Ω_1-группы A в Ω_2-алгебрах B_1, B_2, B. Допустим Ω_2-алгебра имеет 2 операции, а именно $\omega_1 \in \Omega_2(p)$, $\omega_2 \in \Omega_2(q)$. Необходимым условием существования приведенного полиморфизма

$$R : B_1 \times B_2 \to B$$

является равенство

$$(3.1.19) \quad (a_{1 \cdot 1}...a_{1 \cdot q}\omega_2)...(a_{p \cdot 1}...a_{p \cdot q}\omega_2)\omega_1 = (a_{1 \cdot 1}...a_{p \cdot 1}\omega_1)...(a_{1 \cdot q}...a_{p \cdot q}\omega_1)\omega_2$$

Доказательство. Пусть a_1, ..., $a_p \in B_1$, b_1, ..., $b_q \in B_2$. Согласно равенству (3.1.5), выражение

$$(3.1.20) \quad R(a_1...a_p\omega_1, b_1...b_q\omega_2)$$

может иметь 2 значения

$$R(a_1...a_p\omega_1, b_1...b_q\omega_2)$$

(3.1.21)
$$= R(a_1, b_1...b_q\omega_2)...R(a_p, b_1...b_q\omega_2)\omega_1$$
$$= (R(a_1, b_1)...R(a_1, b_q)\omega_2)...(R(a_p, b_1)...R(a_p, b_q)\omega_2)\omega_1$$

$$R(a_1...a_p\omega_1, b_1...b_q\omega_2)$$

(3.1.22)
$$= R(a_1...a_p\omega_1, b_1)...R(a_1...a_p\omega_1, b_q)\omega_2$$
$$= (R(a_1, b_1)...R(a_p, b_1)\omega_1)...(R(a_1, b_q)...R(a_p, b_q)\omega_1)\omega_2$$

Из равенств (3.1.21), (3.1.21) следует, что

(3.1.23)
$$(R(a_1, b_1)...R(a_1, b_q)\omega_2)...(R(a_p, b_1)...R(a_p, b_q)\omega_2)\omega_1$$
$$= (R(a_1, b_1)...R(a_p, b_1)\omega_1)...(R(a_1, b_q)...R(a_p, b_q)\omega_1)\omega_2$$

Следовательно, выражение (3.1.20) определенно корректно тогда и только тогда, когда равенство (3.1.23) верно. Положим

(3.1.24)
$$a_{i \cdot j} = R(a_i, b_j) \in A$$

Равенство (3.1.19) является следствием равенств (3.1.23), (3.1.24). □

Теорема 3.1.12. *Существует приведенный полиморфизм эффективного представления абелевой мультиплиткативной Ω-группы в абелевой группе.*

Доказательство. Поскольку операция сложения в абелевой группе коммутативна и ассоциативна, то теорема является следствием теоремы 3.1.11.
□

Теорема 3.1.13. *Не существует приведенный полиморфизм эффективного представления абелевой мультиплиткативной Ω-группы в кольце.*

Доказательство. В кольце определены две операции: сложение, которое коммутативно и ассоциативно, и произведение, которое дистрибутивно относительно сложения. Согласно теореме 3.1.11, если существует полиморфизм эффективного представления в кольцо, то сложение и произведение должны удовлетворять равенству

(3.1.25)
$$a_{1 \cdot 1}a_{2 \cdot 1} + a_{1 \cdot 2}a_{2 \cdot 2} = (a_{1 \cdot 1} + a_{1 \cdot 2})(a_{2 \cdot 1} + a_{2 \cdot 2})$$

Однако правая часть равенства (3.1.25) имеет вид

$$(a_{1 \cdot 1} + a_{1 \cdot 2})(a_{2 \cdot 1} + a_{2 \cdot 2}) = (a_{1 \cdot 1} + a_{1 \cdot 2})a_{2 \cdot 1} + (a_{1 \cdot 1} + a_{1 \cdot 2})a_{2 \cdot 2}$$
$$= a_{1 \cdot 1}a_{2 \cdot 1} + a_{1 \cdot 2}a_{2 \cdot 1} + a_{1 \cdot 1}a_{2 \cdot 2} + a_{1 \cdot 2}a_{2 \cdot 2}$$

Следовательно, равенство (3.1.25) не верно. □

Вопрос 3.1.14. *Возможно, что полиморфизм представлений существует только для эффективного представления в Абелевая группе. Однако это утверждение пока не доказано.* □

3.2. Конгруэнция

Теорема 3.2.1. *Пусть N - отношение эквивалентности на множестве A. Рассмотрим категорию $\mathcal{A}$ объектами которой являются отображения*[3.2]

$$f_1 : A \to S_1 \quad \ker f_1 \supseteq N$$

$$f_2 : A \to S_2 \quad \ker f_2 \supseteq N$$

Мы определим морфизм $f_1 \to f_2$ как отображение $h : S_1 \to S_2$, для которого коммутативна диаграмма

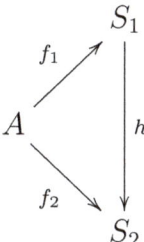

Отображение

$$\mathrm{nat}\, N : A \to A/N$$

является универсально отталкивающим в категории $\mathcal{A}$.[3.3]

Доказательство. Рассмотрим диаграмму

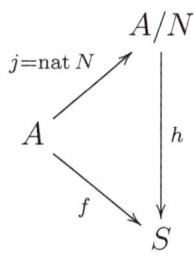

(3.2.1) $$\ker f \supseteq N$$

Из утверждения (3.2.1) и равенства

$$j(a_1) = j(a_2)$$

следует

$$f(a_1) = f(a_2)$$

Следовательно, мы можем однозначно определить отображение h с помощью равенства

$$h(j(b)) = f(b)$$

□

[3.2]Утверждение леммы аналогично утверждению на с. [1]-94.

[3.3]Определение универсального объекта смотри в определении на с. [1]-47.

Теорема 3.2.2. *Пусть*

$$f : A \overset{*}{\longrightarrow} B$$

представление Ω_1-алгебры A в Ω_2-алгебре B. Пусть N - такая конгруэнция[3.4] на Ω_2-алгебре B, что любое преобразование $h \in {}^*B$ согласованно с конгруэнцией N. Существует представление

$$f_1 : A \overset{*}{\longrightarrow} B/N$$

Ω_1-алгебры A в Ω_2-алгебре B/N и отображение

$$\operatorname{nat} N : B \to B/N$$

является приведенным морфизмом представления f в представление f_1

$$B \overset{j}{\longrightarrow} B/N \qquad j = \operatorname{nat} N$$

Доказательство. Любой элемент множества B/N мы можем представить в виде $j(a)$, $a \in B$.

Согласно теореме [8]-II.3.5, мы можем определить единственную структуру Ω_2-алгебры на множестве B/N. Если $\omega \in \Omega_2(p)$, то мы определим операцию ω на множестве B/N согласно равенству (3) на странице [8]-73

$$(3.2.2) \qquad j(b_1)...j(b_p)\omega = j(b_1...b_p\omega)$$

Также как в доказательстве теоремы [5]-3.2.16, мы можем определить представление

$$f_1 : A \overset{*}{\longrightarrow} B/N$$

с помощью равенства

$$(3.2.3) \qquad f_1(a) \circ j(b) = j(f(a) \circ b)$$

Равенство (3.2.3) можно представить с помощью диаграммы

$$(3.2.4) \qquad
\begin{array}{ccc}
B & \overset{j}{\longrightarrow} & B/N \\
\uparrow{\scriptstyle f(a)} & & \uparrow{\scriptstyle f_1(a)} \\
B & \overset{j}{\longrightarrow} & B/N
\end{array}$$

[3.4]Смотри определение конгруэнции на с. [8]-71.

Пусть $\omega \in \Omega_2(p)$. Так как отображения $f(a)$ и j являются гомоморфизмами Ω_2-алгебры, то

$$
\begin{aligned}
f_1(a) \circ (j(b_1)...j(b_p)\omega) &= f_1(a) \circ j(b_1...b_p\omega) \\
&= j(f(a) \circ (b_1...b_p\omega)) \\
&= j((f(a) \circ b_1)...(f(a) \circ b_p)\omega) \\
&= j(f(a) \circ b_1)...j(f(a) \circ b_p)\omega \\
&= (f_1(a) \circ j(b_1))...(f_1(a) \circ j(b_p))\omega
\end{aligned}
$$

(3.2.5)

Из равенства (3.2.5) следует, что отображение $f_1(a)$ является гомоморфизмом Ω_2-алгебры. Из равенства (3.2.3) и [3]-2.3.2, следует, что отображение j является приведенным морфизмом представления f в представление f_1. $\square$

Теорема 3.2.3. *Пусть*

$$f : A \overset{*}{\longrightarrow} B$$

представление Ω_1-алгебры A в Ω_2-алгебре B. Пусть N - такая конгруэнция на Ω_2-алгебре B, что любое преобразование $h \in {}^*B$ согласованно с конгруэнцией N. Рассмотрим категорию $\mathcal{A}$ объектами которой являются приведенные морфизмы представлений [3.5]

$$R_1 : B \to S_1 \quad \ker R_1 \supseteq N$$
$$R_2 : B \to S_2 \quad \ker R_2 \supseteq N$$

где S_1, S_2 - Ω_2-алгебры и

$$g_1 : A \overset{*}{\longrightarrow} S_1 \quad\quad g_2 : A \overset{*}{\longrightarrow} S_2$$

представления Ω_1-алгебры A. Мы определим морфизм $R_1 \to R_2$ как приведенный морфизм представлений $h : S_1 \to S_2$, для которого коммутативна диаграмма

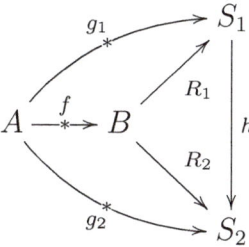

Приведенный морфизм $\mathrm{nat}\, N$ представления f в представление f_1 (теорема 3.2.2) является универсально отталкивающим в категории $\mathcal{A}$. [3.6]

[3.5]Утверждение леммы аналогично утверждению на с. [1]-94.

[3.6]Определение универсального объекта смотри в определении на с. [1]-47.

Доказательство. Существование и единственность отображения h, для которого коммутативна диаграмма

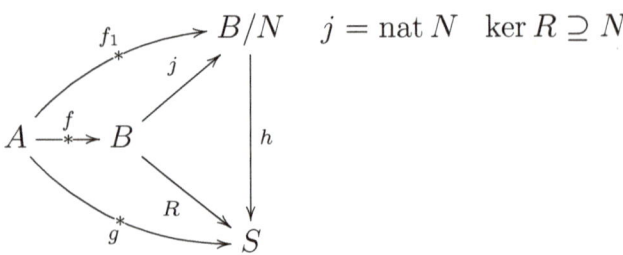

$$j = \mathrm{nat}\, N \quad \ker R \supseteq N$$

следует из теоремы 3.2.1. Следовательно, мы можем однозначно определить отображение h с помощью равенства

$$(3.2.6) \qquad\qquad h(j(b)) = R(b)$$

Пусть $\omega \in \Omega_2(p)$. Так как отображения R и j являются гомоморфизмами Ω_2-алгебры, то

$$
\begin{aligned}
h(j(b_1)...j(b_p)\omega) &= h(j(b_1...b_p\omega)) \\
&= R(b_1...b_p\omega) \\
&= R(b_1)...R(b_p)\omega \\
&= h(j(b_1))...h(j(b_p))\omega
\end{aligned}
$$

$(3.2.7)$

Из равенства (3.2.7) следует, что отображение h является гомоморфизмом Ω_2-алгебры.

Так как отображение R является приведенным морфизмом представления f в представление g, то верно равенство

$$(3.2.8) \qquad\qquad g(a)(R(b)) = R(f(a)(b))$$

Из равенства (3.2.6) следует

$$(3.2.9) \qquad\qquad g(a)(h(j(b))) = g(a)(R(b))$$

Из равенств (3.2.8), (3.2.9) следует

$$(3.2.10) \qquad\qquad g(a)(h(j(b))) = R(f(a)(b))$$

Из равенств (3.2.6), (3.2.10) следует

$$(3.2.11) \qquad\qquad g(a)(h(j(b))) = h(j(f(a)(b)))$$

Из равенств (3.2.3), (3.2.11) следует

$$(3.2.12) \qquad\qquad g(a)(h(j(b))) = h(f_1(a)(j(b)))$$

Из равенства (3.2.12) следует, что отображение h является приведенным морфизмом представления f_1 в представление g. $\qquad\square$

3.3. Тензорное произведение представлений

ОПРЕДЕЛЕНИЕ 3.3.1. *Пусть A является абелевой мультипликативной Ω_1-группой. Пусть B_1, ..., B_n - Ω_2-алгебры.*[3.7] *Пусть для любого k, $k = 1$, ..., n,*

$$f_k : A \dashrightarrow B_k$$

эффективное представление мультипликативной Ω_1-группы A в Ω_2-алгебре B_k. Рассмотрим категорию $\mathcal{A}$ объектами которой являются приведенные полиморфизмы представлений f_1, ..., f_n

$$r_1 : B_1 \times ... \times B_n \longrightarrow S_1 \qquad r_2 : B_1 \times ... \times B_n \longrightarrow S_2$$

где S_1, S_2 - Ω_2-алгебры и

$$g_1 : A \dashrightarrow S_1 \qquad g_2 : A \dashrightarrow S_2$$

эффективные представления мультипликативной Ω_1-группы A. Мы определим морфизм $R_1 \to R_2$ как приведенный морфизм представлений $h : S_1 \to S_2$, для которого коммутативна диаграмма

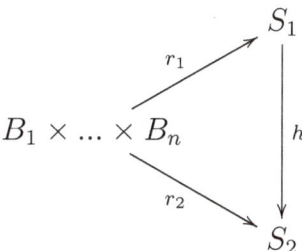

Универсальный объект $B_1 \otimes ... \otimes B_n$ категории $\mathcal{A}$ называется **тензорным произведением** *представлений B_1, ..., B_n.* $\square$

ТЕОРЕМА 3.3.2. *Если тензорное произведение эффективных представлений существует, то тензорное произведение определено однозначно с точностью до изоморфизма представлений.*

ДОКАЗАТЕЛЬСТВО. Пусть A является абелевой мультипликативной Ω_1-группой. Пусть B_1, ..., B_n - Ω_2-алгебры. Пусть для любого k, $k = 1$, ..., n,

$$f_k : A \dashrightarrow B_k$$

эффективное представление мультипликативной Ω_1-группы A в Ω_2-алгебре B_k. Пусть эффективные представления

$$g_1 : A \dashrightarrow S_1 \qquad g_2 : A \dashrightarrow S_2$$

[3.7]Я определяю тензорное произведение представлений универсальной алгебры по аналогии с определением в [1], с. 456 - 458.

являются тензорным произведением представлений B_1, ..., B_n. Из коммутативности диаграммы

(3.3.1)

$$
\begin{array}{ccc}
 & & S_1 \\
 & \nearrow R_1 & \\
B_1 \times ... \times B_n & \quad h_2 \quad h_1 & \\
 & \searrow R_2 & \\
 & & S_2
\end{array}
$$

следует, что

(3.3.2)
$$
\begin{aligned}
R_1 &= h_2 \circ h_1 \circ R_1 \\
R_2 &= h_1 \circ h_2 \circ R_2
\end{aligned}
$$

Из равенств (3.3.2) следует, что морфизмы представления $h_1 \circ h_2$, $h_2 \circ h_1$ являются тождественными отображениями. Следовательно, морфизмы представления h_1, h_2 являются изоморфизмами. $\qquad\square$

Соглашение 3.3.3. *Алгебры S_1, S_2 могут быть различными множествами. Однако они неразличимы для нас, если мы рассматриваем их как изоморфные представления. В этом случае мы будем писать $S_1 = S_2$.* $\quad\square$

Определение 3.3.4. *Тензорное произведение*

$$
B^{\otimes n} = B_1 \otimes ... \otimes B_n \quad B_1 = ... = B_n = B
$$

называется **тензорной степенью** *представления B.* $\qquad\square$

Теорема 3.3.5. *Если существует полиморфизм представлений, то тензорное произведение представлений существует.*

Доказательство. Пусть

$$
f : A \dashrightarrow M
$$

представление Ω_1-алгебры A, порождённое декартовым произведением $B_1 \times ... \times B_n$ множеств B_1, ..., B_n.[3.8] Инъекция

$$
i : B_1 \times ... \times B_n \longrightarrow M
$$

определена по правилу [3.9]

(3.3.3)
$$
i \circ (b_1, ..., b_n) = (b_1, ..., b_n)
$$

[3.8]Согласно теоремам 2.1.3, 2.3.2, множество, порождённое приведенным декартовым произведением представлений B_1, ..., B_n совпадает с декартовым произведением $B_1 \times ... \times B_n$ множеств B_1, ..., B_n. В этом месте доказательства нас не интересует алгебраическая структура на множестве $B_1 \times ... \times B_n$.

[3.9]Равенство (3.3.3) утверждает, что мы отождествляем базис представления M с множеством $B_1 \times ... \times B_n$.

Пусть N - отношение эквивалентности, порождённое равенствами [3.10]

(3.3.4) $\quad (b_1, ..., b_{i \cdot 1}...b_{i \cdot p}\omega, ..., b_n) = (b_1, ..., b_{i \cdot 1}, ..., b_n)...(b_1, ..., b_{i \cdot p}, ..., b_n)\omega$

(3.3.5) $\quad (b_1, ..., f_i(a) \circ b_i, ..., b_n) = f(a) \circ (b_1, ..., b_i, ..., b_n)$

$$b_k \in B_k \quad k = 1, ..., n \quad b_{i \cdot 1}, ..., b_{i \cdot p} \in B_i \quad \omega \in \Omega_2(p) \quad a \in A$$

ЛЕММА 3.3.6. *Пусть $\omega \in \Omega_2(p)$. Тогда*

(3.3.6)
$$f(c) \circ (b_1, ..., b_{i \cdot 1}...b_{i \cdot p}\omega, ..., b_n)$$
$$= f(c) \circ ((b_1, ..., b_{i \cdot 1}, ..., b_n)...(b_1, ..., b_{i \cdot p}, ..., b_n)\omega)$$

ДОКАЗАТЕЛЬСТВО. Из равенства (3.3.5) следует

(3.3.7) $\quad f(c) \circ (b_1, ..., b_{i \cdot 1}...b_{i \cdot p}\omega, ..., b_n) = (b_1, ..., f_i(c) \circ (b_{i \cdot 1}...b_{i \cdot p}\omega), ..., b_n)$

Так как $f_i(c)$ - эндоморфизм Ω_2-алгебры B_i, то из равенства (3.3.7) следует

(3.3.8) $\ f(c) \circ (b_1, ..., b_{i \cdot 1}...b_{i \cdot p}\omega, ..., b_n) = (b_1, ..., (f_i(c) \circ b_{i \cdot 1})...(f_i(c) \circ b_{i \cdot p})\omega, ..., b_n)$

Из равенств (3.3.8), (3.3.4) следует

(3.3.9)
$$f(c) \circ (b_1, ..., b_{i \cdot 1}...b_{i \cdot p}\omega, ..., b_n)$$
$$= (b_1, ..., f_i(c) \circ b_{i \cdot 1}, ..., b_n)...(b_1, ..., f_i(c) \circ b_{i \cdot p}, ..., b_n)\omega$$

Из равенств (3.3.9), (3.3.5) следует

(3.3.10)
$$f(c) \circ (b_1, ..., b_{i \cdot 1}...b_{i \cdot p}\omega, ..., b_n)$$
$$= (f(c) \circ (b_1, ..., b_{i \cdot 1}, ..., b_n))...(f(c) \circ (b_1, ..., b_{i \cdot p}, ..., b_n))\omega$$

Так как $f(c)$ - эндоморфизм Ω_2-алгебры B, то равенство (3.3.6) следует из равенства (3.3.10). ⊙

ЛЕММА 3.3.7.

(3.3.11) $\quad f(c) \circ (b_1, ..., f_i(a) \circ b_i, ..., b_n) = f(c) \circ (f(a) \circ (b_1, ..., b_i, ..., b_n))$

ДОКАЗАТЕЛЬСТВО. Из равенства (3.3.5) следует, что

(3.3.12)
$$f(c) \circ (b_1, ..., f_i(a) \circ b_i, ..., b_n) = (b_1, ..., f_i(c) \circ (f_i(a) \circ b_i), ..., b_n)$$
$$= (b_1, ..., (f_i(c) \circ f_i(a)) \circ b_i, ..., b_n)$$
$$= (f(c) \circ f(a)) \circ (b_1, ..., b_i, ..., b_n)$$
$$= f(c) \circ (f(a) \circ (b_1, ..., b_i, ..., b_n))$$

Равенство (3.3.11) следует из равенства (3.3.12). ⊙

ЛЕММА 3.3.8. *Для любого $c \in A$ эндоморфизм $f(c)$ Ω_2-алгебры M согласовано с эквивалентностью N.*

[3.10] Я рассматриваю формирование элементов представления из элементов базиса согласно теореме [3]-2.6.4. Теорема 3.3.11 требует выполнения условий (3.3.4), (3.3.5).

Доказательство. Утверждение леммы следует из лемм 3.3.6, 3.3.7 и определения [5]-3.2.14.   ⊙

Из леммы 3.3.8 и теоремы [5]-3.2.15, следует, что на множестве $^*M/N$ определена Ω_1-алгебра. Рассмотрим диаграмму

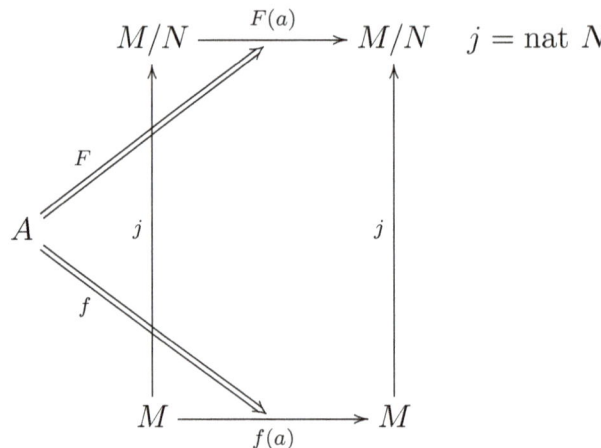

Согласно лемме 3.3.8, из условия

$$j \circ b_1 = j \circ b_2$$

следует

$$j \circ (f(a) \circ b_1) = j \circ (f(a) \circ b_2)$$

Следовательно, преобразование $F(a)$ определено корректно и

(3.3.13) $$\qquad F(a) \circ j = j \circ f(a)$$

Если $\omega \in \Omega_1(p)$, то мы положим

$$(F(a_1)...F(a_p)\omega) \circ (J \circ b) = J \circ ((f(a_1)...f(a_p)\omega) \circ b)$$

Следовательно, отображение F является представлением Ω_1-алгебры A. Из (3.3.13) следует, что j является приведенным морфизмом представлений f и F.

Рассмотрим коммутативную диаграмму

(3.3.14)

Из коммутативности диаграммы (3.3.14) и равенства (3.3.3) следует, что

(3.3.15) $$\qquad g_1 \circ (b_1, ..., b_n) = j \circ (b_1, ..., b_n)$$

Из равенств (3.3.3), (3.3.4), (3.3.5) следует

(3.3.16)
$$g_1 \circ (b_1, ..., b_{i \cdot 1}...b_{i \cdot p}\omega, ..., b_n)$$
$$= (g_1 \circ (b_1, ..., b_{i \cdot 1}, ..., b_n))...(g_1 \circ (b_1, ..., b_{i \cdot p}, ..., b_n))\omega$$

(3.3.17) $g_1 \circ (b_1, ..., f_i(a) \circ b_i, ..., b_n) = f(a) \circ (g_1 \circ (b_1, ..., b_i, ..., b_n))$

Из равенств (3.3.16) и (3.3.17) следует, что отображение g_1 является приведенным полиморфизмом представлений $f_1, ..., f_n$.

Поскольку $B_1 \times ... \times B_n$ - базис представления M Ω_1-алгебры A, то, согласно теореме [3]-2.7.7, для любого представления

$$A \longrightarrow_* V$$

и любого приведенного полиморфизма

$$g_2 : B_1 \times ... \times B_n \longrightarrow V$$

существует единственный морфизм представлений $k : M \to V$, для которого коммутативна следующая диаграмма

(3.3.18)

$$
\begin{array}{ccc}
B_1 \times ... \times B_n & \xrightarrow{\ \ i\ \ } & M \\
& {}_{g_2}\searrow & \downarrow{\scriptstyle k} \\
& & V
\end{array}
$$

Так как g_2 - приведенный полиморфизм, то $\ker k \supseteq N$.

Согласно теореме 3.2.3 отображение j универсально в категории морфизмов представления f, ядро которых содержит N. Следовательно, определён морфизм представлений

$$h : M/N \to V$$

для которого коммутативна диаграмма

(3.3.19)

$$
\begin{array}{ccc}
& & M/N \\
& {}^{j}\nearrow & \downarrow{\scriptstyle h} \\
M & & \\
& {}_{k}\searrow & \downarrow \\
& & V
\end{array}
$$

Объединяя диаграммы (3.3.14), (3.3.18), (3.3.19), получим коммутативную диаграмму

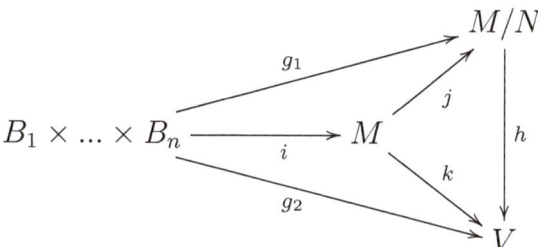

Так как $\operatorname{Im} g_1$ порождает M/N, то отображение h однозначно определено. $\square$

Согласно доказательству теоремы 3.3.5

$$B_1 \otimes ... \otimes B_n = M/N$$

Для $d_i \in A_i$ будем записывать

(3.3.20) $$j \circ (d_1, ..., d_n) = d_1 \otimes ... \otimes d_n$$

Из равенств (3.3.15), (3.3.20) следует, что

(3.3.21) $$g_1 \circ (d_1, ..., d_n) = d_1 \otimes ... \otimes d_n$$

ТЕОРЕМА 3.3.9. *Отображение*

$$(x_1, ..., x_n) \in B_1 \times ... \times B_n \to x_1 \otimes ... \otimes x_n \in B_1 \otimes ... \otimes B_n$$

является полиморфизмом.

ДОКАЗАТЕЛЬСТВО. Теорема является следствием определений 3.1.3, 3.3.1.
□

ТЕОРЕМА 3.3.10. *Пусть B_1, ..., B_n - Ω_2-алгебры. Пусть*

$$f : B_1 \times ... \times B_n \to B_1 \otimes ... \otimes B_n$$

приведенный полиморфизм, определённый равенством

(3.3.22) $$f \circ (b_1, ..., b_n) = b_1 \otimes ... \otimes b_n$$

Пусть

$$g : B_1 \times ... \times B_n \to V$$

приведенный полиморфизм в Ω_2-алгебру V. Существует морфизм представлений

$$h : B_1 \otimes ... \otimes B_n \to V$$

такой, что диаграмма

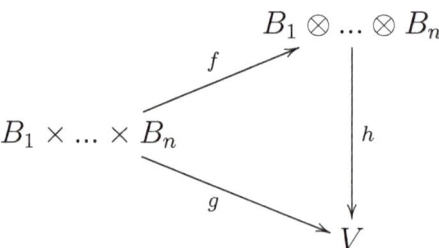

коммутативна.

ДОКАЗАТЕЛЬСТВО. Равенство (3.3.22) следует из равенств (3.3.3) и (3.3.20). Существование отображения h следует из определения 3.3.1 и построений, выполненных при доказательстве теоремы 3.3.5.
□

ТЕОРЕМА 3.3.11. *Пусть*

$$b_k \in B_k \quad k = 1, ..., n \quad b_{i\cdot 1}, ..., b_{i\cdot p} \in B_i \quad \omega \in \Omega_2(p) \quad a \in A$$

Тензорное произведение дистрибутивно относительно операции ω

(3.3.23)
$$b_1 \otimes ... \otimes (b_{i\cdot 1}...b_{i\cdot p}\omega) \otimes ... \otimes b_n$$
$$= (b_1 \otimes ... \otimes b_{i\cdot 1} \otimes ... \otimes b_n)...(b_1 \otimes ... \otimes b_{i\cdot p} \otimes ... \otimes b_n)\omega$$

Представление мультипликативной Ω_1-группы A в тензорном произведении определено равенством

$$(3.3.24) \qquad b_1 \otimes ... \otimes (f_i(a) \circ b_i) \otimes ... \otimes b_n = f(a) \circ (b_1 \otimes ... \otimes b_i \otimes ... \otimes b_n)$$

Доказательство. Равенство (3.3.23) является следствием равенства (3.3.16) и определения (3.3.21). Равенство (3.3.24) является следствием равенства (3.3.17) и определения (3.3.21). $\square$

3.4. Ассоциативность тензорного произведения

Пусть A является мультипликативной Ω_1-группой. Пусть B_1, B_2, B_3 - Ω_2-алгебры. Пусть для $k = 1, 2, 3$

$$f_k : A \relbar\joinrel\twoheadrightarrow B_k$$

эффективное представление мультипликативной Ω_1-группы A в Ω_2-алгебре B_k.

Лемма 3.4.1. *Для заданного значения $x_3 \in B_3$, отображение*

$$(3.4.1) \qquad\qquad h_{12} : (B_1 \otimes B_2) \times B_3 \to B_1 \otimes B_2 \otimes B_3$$

определённое равенством

$$(3.4.2) \qquad\qquad h_{12}(x_1 \otimes x_2, x_3) = x_1 \otimes x_2 \otimes x_3$$

является приведенным морфизмом представления $B_1 \otimes B_2$ в представление $B_1 \otimes B_2 \otimes B_3$.

Доказательство. Согласно теореме 3.3.9, для заданного значения $x_3 \in B_3$, отображение

$$(3.4.3) \qquad (x_1, x_2, x_3) \in B_1 \times B_2 \times B_3 \to x_1 \otimes x_2 \otimes x_3 \in B_1 \otimes B_2 \otimes B_3$$

является полиморфизмом по переменным $x_1 \in B_1$, $x_2 \in B_2$. Следовательно, для заданного значения $x_3 \in B_3$, лемма является следствием теоремы 3.3.10. $\square$

Лемма 3.4.2. *Для заданного значения $x_{12} \in B_1 \otimes B_2$ отображение h_{12} является приведенным морфизмом представления B_3 в представление $B_1 \otimes B_2 \otimes B_3$.*

Доказательство. Согласно теореме 3.3.9 и равенству (3.3.21), для заданного значения $x_1 \in B_1$, $x_2 \in B_2$, отображение

$$(3.4.4) \qquad (x_1 \otimes x_2, x_3) \in B_1 \times B_2 \times B_3 \to x_1 \otimes x_2 \otimes x_3 \in B_1 \otimes B_2 \otimes B_3$$

является морфизмом по переменной $x_3 \in B_3$. Следовательно, теорема является следсвием теорем 3.1.10, 3.1.11. $\square$

Лемма 3.4.3. *Существует приведенный морфизм представлений*

$$h : (B_1 \otimes B_2) \otimes B_3 \to B_1 \otimes B_2 \otimes B_3$$

Доказательство. Согласно леммам 3.4.1, 3.4.2 и определению 3.1.3, отображение h_{12} является приведенным полиморфизмом представлений. Утверждение леммы является следствием теоремы 3.3.10. □

Лемма 3.4.4. *Существует приведенный морфизм представлений*

$$g : B_1 \otimes B_2 \otimes B_3 \to (B_1 \otimes B_2) \otimes B_3$$

Доказательство. Отображение

$$(x_1, x_2, x_3) \in B_1 \times B_2 \times B_3 \to (x_1 \otimes x_2) \otimes x_3 \in (B_1 \otimes B_2) \otimes B_3$$

является полиморфизмом по переменным $x_1 \in B_1$, $x_2 \in B_2$, $x_3 \in B_3$. Следовательно, лемма является следствием теоремы 3.3.10. □

Теорема 3.4.5.

$$(3.4.5) \qquad (B_1 \otimes B_2) \otimes B_3 = B_1 \otimes (B_2 \otimes B_3) = B_1 \otimes B_2 \otimes B_3$$

Доказательство. Согласно лемме 3.4.3, существует приведенный морфизм представлений

$$h : (B_1 \otimes B_2) \otimes B_3 \to B_1 \otimes B_2 \otimes B_3$$

Согласно лемме 3.4.4, существует приведенный морфизм представлений

$$g : B_1 \otimes B_2 \otimes B_3 \to (B_1 \otimes B_2) \otimes B_3$$

Следовательно, приведенные морфизмы представлений h, g являются изоморфизмами, откуда следует равенство

$$(3.4.6) \qquad (B_1 \otimes B_2) \otimes B_3 = B_1 \otimes B_2 \otimes B_3$$

Аналогично мы можем доказать равенство

$$B_1 \otimes (B_2 \otimes B_3) = B_1 \otimes B_2 \otimes B_3$$

□

Замечание 3.4.6. *Очевидно, что структура Ω_2-алгебр $(B_1 \otimes B_2) \otimes B_3$, $B_1 \otimes B_2 \otimes B_3$ слегка различна. Мы записываем равенство (3.4.6), опираясь на соглашение 3.3.3 и это позволяет нам говорить об ассоциативности тензорного произведения представлений.* □

Глава 4

D-модуль

4.1. Модуль над коммутативным кольцом

Теорема 4.1.1. *Пусть кольцо D имеет единицу e. Представление*

$$f : D \relbar\joinrel\ast\joinrel\longrightarrow V$$

*кольца D в абелевой группе A **эффективно** тогда и только тогда, когда из равенства $f(a) = 0$ следует $a = 0$.*

Доказательство. Сумма преобразований f и g абелевой группы определяется согласно правилу

$$(f + g)(a) = f(a) + g(a)$$

Поэтому, рассматривая представление кольца D в абелевой группе A, мы полагаем

$$f(a + b)(x) = f(a)(x) + f(b)(x)$$

Если a, $b \in R$ порождают одно и то же преобразование, то

(4.1.1) $$f(a) \circ m = f(b) \circ m$$

для любого $m \in A$. Из равенства (4.1.1) следует, что $a - b$ порождает нулевое преобразование

$$f(a - b) \circ m = 0$$

Элемент $e + a - b$ порождает тождественное преобразование. Следовательно, представление f эффективно тогда и только тогда, когда $a = b$. $\square$

Определение 4.1.2. *Эффективное представление коммутативного кольца D в абелевой группе V*

(4.1.2) $$f : D \relbar\joinrel\ast\joinrel\longrightarrow V \qquad f(d) : v \to dv$$

*называется **модулем над кольцом** D или D-**модулем**.* $\square$

Теорема 4.1.3. *Элементы D-модуля V удовлетворяют соотношениям*

 • **закону ассоциативности**

(4.1.3) $$(ab)m = a(bm)$$

 • **закону дистрибутивности**

(4.1.4) $$a(m + n) = am + an$$

(4.1.5) $$(a + b)m = am + bm$$

- **закону унитарности**

(4.1.6) $1m = m$

для любых $a, b \in D, m, n \in V$.

ДОКАЗАТЕЛЬСТВО. Равенство (4.1.4) следует из утверждения, что преобразование a является эндоморфизмом абелевой группы. Равенство (4.1.5) следует из утверждения, что представление (4.1.2) является гомоморфизмом аддитивной группы кольца D. Равенства (4.1.3) и (4.1.6) следуют из утверждения, что представление (4.1.2) является левосторонним представлением мультипликативной группы кольца D.   □

ТЕОРЕМА 4.1.4. *Множество векторов, порождённое множеством векторов* $v = (v_i \in V, i \in I)$ *имеет вид*

$$(4.1.7) \qquad J(v) = \left\{ w : w = \sum_{i \in I} c^i v_i, c^i \in D \right\}$$

ДОКАЗАТЕЛЬСТВО. Мы докажем теорему по индукции, опираясь на теорему [3]-2.6.4.

Пусть $k = 0$. Согласно теореме [3]-2.6.4, $X_0 = v$. Для произвольного $v_k \in v$, положим $c^i = \delta_k^i$. Тогда

$$(4.1.8) \qquad v_k = \sum_{i \in I} c^i v_i$$

$v_k \in J(v)$ следует из (4.1.7), (4.1.8).

Пусть $X_{k-1} \subseteq J(v)$.

- Пусть $w_1, w_2 \in X_{k-1}$. Так как V является абелевой группой, то согласно утверждению [3]-2.6.4.3, $w_1 + w_2 \in X_k$. Согласно утверждениям [3]-(2.6.1), (4.1.7), существуют D-числа $c^i, d^i, i \in I$, такие, что

$$(4.1.9) \qquad \begin{aligned} w_1 &= \sum_{i \in I} c^i v_i \\ w_2 &= \sum_{i \in I} d^i v_i \end{aligned}$$

Так как V является абелевой группой, то из равенства (4.1.9) следует, что

$$(4.1.10) \qquad w_1 + w_2 = \sum_{i \in I} c^i v_i + \sum_{i \in I} d^i v_i = \sum_{i \in I} (c^i v_i + d^i v_i)$$

Равенство

$$(4.1.11) \qquad w_1 + w_2 = \sum_{i \in I} (c^i + d^i) v_i$$

является следствием равенств (4.1.5), (4.1.10). Из равенства (4.1.11) следует, что $w_1 + w_2 \in J(v)$.

• Пусть $w \in X_{k-1}$. Согласно утверждению [3]-2.6.4.4, для любого D-числа a, $aw \in X_k$. Согласно утверждениям [3]-(2.6.1), (4.1.7), существуют D-числа c^i, $i \in I$, такие, что

(4.1.12) $$w = \sum_{i \in I} c^i v_i$$

Из равенства (4.1.12) следует, что

(4.1.13) $$aw = a \sum_{i \in I} c^i v_i = \sum_{i \in I} a(c^i v_i) = \sum_{i \in I} (ac^i) v_i$$

Из равенства (4.1.13) следует, что $aw \in J(v)$.

$\square$

Соглашение 4.1.5. *Мы будем пользоваться соглашением Эйнштейна о сумме, в котором повторяющийся индекс (один вверху и один внизу) подразумевает сумму по повторяющемуся индексу. В этом случае предполагается известным множество индекса суммирования и знак суммы опускается*

$$c^i v_i = \sum_{i \in I} c^i v_i$$

$\square$

Определение 4.1.6. *Пусть $v = (v_i \in V, i \in I)$ - множество векторов. Выражение $c^i v_i$ называется **линейной комбинацией векторов** v_i. Вектор*

$$w = c^i v_i$$

*называется **вектором, линейно зависимым от векторов** v_i.* $\square$

Теорема 4.1.7. *Пусть D - поле. Если уравнение*

(4.1.14) $$c^i v_i = 0$$

предполагает существования индекса $i = j$ такого, что $c^j \neq 0$, то вектор v_j линейно зависит от остальных векторов v.

Доказательство. Теорема является следствием равенства

$$v_j = \sum_{i \in I \setminus \{j\}} \frac{c^i}{c^j} v_i$$

и определения 4.1.6. $\square$

Очевидно, что для любого множества векторов v_i,

$$0 = c^i v_i \quad c^i = 0$$

Определение 4.1.8. *Векторы [4.1] e_i, $i \in I$, D-модуля A **линейно независимы**, если $c = 0$ следует из уравнения*

$$c^i e_i = 0$$

[4.1] Я следую определению в [1], с. 100.

В противном случае, векторы e_i, $i \in I$, **линейно зависимы**. □

ТЕОРЕМА 4.1.9. *Пусть D - поле. Множество векторов $\bar{\bar{e}} = (e_i, i \in I)$ является* **базисом D-векторного пространства** *V, если векторы e_i линейно независимы и любой вектор $v \in V$ линейно зависит от векторов e_i.*

ДОКАЗАТЕЛЬСТВО. Пусть $\bar{\bar{e}} = (e_i, i \in I)$ - базис D-векторного пространства V. Согласно определению [3]-2.7.1 и теоремам [3]-2.6.4, 4.1.4, произвольный вектор $v \in V$ является линейной комбинацией векторов e_i

$$(4.1.15) \qquad\qquad v = v^i e_i$$

Из равенства (4.1.15) следует, что множество векторов v, e_i, $i \in I$, не является линейно независимым.

Рассмотрим равенство

$$(4.1.16) \qquad\qquad c^i e_i = 0$$

Согласно теореме 4.1.7, если

$$(4.1.17) \qquad\qquad c^j \neq 0$$

то вектор e_j линейно зависит от остальных векторов e. Следовательно, множество векторов e_i, $i \in I \setminus \{j\}$, порождает D-векторное пространство V. Согласно определению [3]-2.7.1, утверждение (4.1.17) неверно. Согласно определению 4.1.8, векторы e_i линейно независимы. □

ОПРЕДЕЛЕНИЕ 4.1.10. *Множество векторов $\bar{\bar{e}} = (e_i, i \in I)$ называется* [4.2] **базисом D-модуля** *V, если произвольный вектор $v \in V$ является линейной комбинацией векторов базиса и произвольный вектор базиса нельзя представить в виде линейной комбинации остальных векторов базиса. A* - **свободный модуль над кольцом** *D, если A имеет базис над кольцом D.* [4.3] □

ОПРЕДЕЛЕНИЕ 4.1.11. *Пусть $\bar{\bar{e}}$ - базис D-модуля A, и A-число a имеет разложение*

$$a = a^i e_i$$

относительно базиса $\bar{\bar{e}}$. D-числа a^i называются **координатами** *A-числа a относительно базиса $\bar{\bar{e}}$.* □

4.2. Линейное отображение D-модуля

ОПРЕДЕЛЕНИЕ 4.2.1. *Пусть A_1, A_2 - D-модули. Морфизм представлений*

$$f : A_1 \to A_2$$

D-модуля A_1 в D-модуль A_2 называется **линейным отображением D-модуля** *A_1 в D-модуль A_2. Обозначим $\mathcal{L}(D; A_1 \to A_2)$ множество линейных отображений D-модуля A_1 в D-модуль A_2.* □

[4.2]Определение 4.1.10 является следствием теоремы [3]-2.7.2 и замечания [3]-2.7.3.

[4.3]Я следую определению в [1], с. 103.

Теорема 4.2.2. *Линейное отображение*

$$f : A_1 \to A_2$$

D-модуля A_1 в D-модуль A_2 удовлетворяет равенствам [4.4]

(4.2.1) $f \circ (a + b) = f \circ a + f \circ b$

(4.2.2) $f \circ (pa) = p(f \circ a)$

$$a, b \in A_1 \quad p \in D$$

Доказательство. Из определения 4.2.1 и теоремы [5]-3.2.19 следует, что отображение f является гомоморфизмом абелевой группы A_1 в абелеву группу A_2 (равенство (4.2.1)). Равенство (4.2.2) следует из равенства [5]-(3.2.45). $\square$

Теорема 4.2.3. *Пусть отображение*

$$f : A_1 \to A_2$$

является линейным отображением D-модуля A_1 в D-модуль A_2. Тогда

$$f \circ 0 = 0$$

Доказательство. Следствие равенства

$$f \circ (a + 0) = f \circ a + f \circ 0$$

$\square$

4.3. Полилинейное отображение D-модуля

Определение 4.3.1. *Пусть D - коммутативное кольцо. Приведенный полиморфизм D-модулей A_1, ..., A_n в D-модуль S*

$$f : A_1 \times ... \times A_n \to S$$

называется **полилинейным отображением** *D-модулей A_1, ..., A_n в D-модуль S. Обозначим $\mathcal{L}(D; A_1 \times ... \times A_n \to S)$ множество полилинейных отображений D-модулей A_1, ..., A_n в D-модуль S. Обозначим $\mathcal{L}(D; A^n \to S)$ множество n-линейных отображений D-модуля A ($A_1 = ... = A_n = A$) в D-модуль S.* $\square$

Теорема 4.3.2. *Пусть D - коммутативное кольцо. Полилинейное отображение D-модулей A_1, ..., A_n в D-модуль S*

$$f : A_1 \times ... \times A_n \to S$$

удовлетворяет равенствам

$$f \circ (a_1, ..., a_i + b_i, ..., a_n) = f \circ (a_1, ..., a_i, ..., a_n) + f \circ (a_1, ..., b_i, ..., a_n)$$

$$f \circ (a_1, ..., pa_i, ..., a_n) = pf \circ (a_1, ..., a_i, ..., a_n)$$

[4.4]В некоторых книгах (например, [1], с. 94) теорема 4.2.2 рассматривается как определение.

$$f \circ (a_1, ..., a_i + b_i, ..., a_n) = f \circ (a_1, ..., a_i, ..., a_n) + f \circ (a_1, ..., b_i, ..., a_n)$$
$$f \circ (a_1, ..., pa_i, ..., a_n) = pf \circ (a_1, ..., a_i, ..., a_n)$$

$$1 \leq i \leq n \quad a_i, b_i \in A_i \quad p \in D$$

Доказательство. Теорема является следствием определений 3.1.1, 4.2.1 и теоремы 4.2.2. $\square$

Теорема 4.3.3. *Пусть D - коммутативное кольцо. Пусть A_1, ..., A_n, S - D-модули. Отображение*

(4.3.1) $$f + g : A_1 \times ... \times A_n \to S \quad f, g \in \mathcal{L}(D; A_1 \times ... \times A_n \to S)$$

определённое равенством

(4.3.2) $$(f + g) \circ (a_1, ..., a_n) = f \circ (a_1, ..., a_n) + g \circ (a_1, ..., a_n)$$

называется **суммой полилинейных отображений** f *и* g *и является полилинейным отображением. Множество $\mathcal{L}(D; A_1 \times ... \times A_n \to S)$ является абелевой группой относительно суммы отображений.*

Доказательство. Согласно теореме 4.3.2

(4.3.3) $$f \circ (a_1, ..., a_i + b_i, ..., a_n) = f \circ (a_1, ..., a_i, ..., a_n) + f \circ (a_1, ..., b_i, ..., a_n)$$

(4.3.4) $$f \circ (a_1, ..., pa_i, ..., a_n) = pf \circ (a_1, ..., a_i, ..., a_n)$$

(4.3.5) $$g \circ (a_1, ..., a_i + b_i, ..., a_n) = g \circ (a_1, ..., a_i, ..., a_n) + g \circ (a_1, ..., b_i, ..., a_n)$$

(4.3.6) $$g \circ (a_1, ..., pa_i, ..., a_n) = pg \circ (a_1, ..., a_i, ..., a_n)$$

Равенство

(4.3.7)
$$\begin{aligned}
&(f + g) \circ (x_1, ..., x_i + y_i, ..., x_n) \\
&= f \circ (x_1, ..., x_i + y_i, ..., x_n) + g \circ (x_1, ..., x_i + y_i, ..., x_n) \\
&= f \circ (x_1, ..., x_i, ..., x_n) + f \circ (x_1, ..., y_i, ..., x_n) \\
&+ g \circ (x_1, ..., x_i, ..., x_n) + g \circ (x_1, ..., y_i, ..., x_n) \\
&= (f + g) \circ (x_1, ..., x_i, ..., x_n) + (f + g) \circ (x_1, ..., y_i, ..., x_n)
\end{aligned}$$

является следствием равенств (4.3.2), (4.3.3), (4.3.5). Равенство

(4.3.8)
$$\begin{aligned}
&(f + g) \circ (x_1, ..., px_i, ..., x_n) \\
&= f \circ (x_1, ..., px_i, ..., x_n) + g \circ (x_1, ..., px_i, ..., x_n) \\
&= pf \circ (x_1, ..., x_i, ..., x_n) + pg \circ (x_1, ..., x_i, ..., x_n) \\
&= p(f \circ (x_1, ..., x_i, ..., x_n) + g \circ (x_1, ..., x_i, ..., x_n)) \\
&= p(f + g) \circ (x_1, ..., x_i, ..., x_n)
\end{aligned}$$

является следствием равенств (4.3.2), (4.3.4), (4.3.6). Из равенств (4.3.7), (4.3.8) и теоремы 4.3.2 следует, что отображение (4.3.1) является полилинейным отображением D-модулей.

Пусть f, g, $h \in \mathcal{L}(D; A_1 \times ... \times A_2 \to S)$. Для любого $a = (a_1, ..., a_n)$, $a_1 \in A_1$, ..., $a_n \in A_n$,

$$\begin{aligned}
(f + g) \circ a &= f \circ a + g \circ a = g \circ a + f \circ a \\
&= (g + f) \circ a \\
((f + g) + h) \circ a &= (f + g) \circ a + h \circ a = (f \circ a + g \circ a) + h \circ a \\
&= f \circ a + (g \circ a + h \circ a) = f \circ a + (g + h) \circ a \\
&= (f + (g + h)) \circ a
\end{aligned}$$

Следовательно, сумма полилинейных отображений коммутативна и ассоциативна.

Из равенства (4.3.2) следует, что отображение

$$0 : v \in A_1 \times ... \times A_n \to 0 \in S$$

является нулём операции сложения

$$(0 + f) \circ (a_1, ..., a_n) = 0 \circ (a_1, ..., a_n) + f \circ (a_1, ..., a_n) = f \circ (a_1, ..., a_n)$$

Из равенства (4.3.2) следует, что отображение

$$-f : (a_1, ..., a_n) \in A_1 \times ... \times A_n \to -(f \circ (a_1, ..., a_n)) \in S$$

является отображением, обратным отображению f

$$f + (-f) = 0$$

так как

$$\begin{aligned}
(f + (-f)) \circ (a_1, ..., a_n) &= f \circ (a_1, ..., a_n) + (-f) \circ (a_1, ..., a_n) \\
&= f \circ (a_1, ..., a_n) - f \circ (a_1, ..., a_n) \\
&= 0 = 0 \circ (a_1, ..., a_n)
\end{aligned}$$

Из равенства

$$\begin{aligned}
(f + g) \circ (a_1, ..., a_n) &= f \circ (a_1, ..., a_n) + g \circ (a_1, ..., a_n) \\
&= g \circ (a_1, ..., a_n) + f \circ (a_1, ..., a_n) \\
&= (g + f) \circ (a_1, ..., a_n)
\end{aligned}$$

следует, что сумма отображений коммутативно. Следовательно, множество $\mathcal{L}(D; A_1 \times ... \times A_n \to S)$ является абелевой группой. $\square$

Следствие 4.3.4. *Пусть A_1, A_2 - D-модули. Отображение*

(4.3.9)
$$f + g : A_1 \to A_2 \quad f, g \in \mathcal{L}(D; A_1 \to A_2)$$

определённое равенством

(4.3.10)
$$(f + g) \circ x = f \circ x + g \circ x$$

*называется **суммой отображений** f и g и является линейным отображением. Множество $\mathcal{L}(D; A_1; A_2)$ является абелевой группой относительно суммы отображений.* $\square$

Теорема 4.3.5. *Пусть D - коммутативное кольцо. Пусть A_1, ..., A_n, S - D-модули. Отображение*

(4.3.11) $\qquad d\,f : A_1 \times ... \times A_n \to S \quad d \in D \quad f \in \mathcal{L}(D; A_1 \times ... \times A_n \to S)$

определённое равенством

(4.3.12) $\qquad (d\,f) \circ (a_1, ..., a_n) = d(f \circ (a_1, ..., a_n))$

называется **произведением отображения** f **на скаляр** d *и является полилинейным отображением. Представление*

(4.3.13) $\qquad a : f \in \mathcal{L}(D; A_1 \times ... \times A_n \to S) \to af \in \mathcal{L}(D; A_1 \times ... \times A_n \to S)$

кольца D в абелевой группе $\mathcal{L}(D; A_1 \times ... \times A_n \to S)$ порождает структуру D-модуля.

Доказательство. Согласно теореме 4.3.2

(4.3.14) $\quad f \circ (a_1, ..., a_i + b_i, ..., a_n) = f \circ (a_1, ..., a_i, ..., a_n) + f \circ (a_1, ..., b_i, ..., a_n)$

(4.3.15) $\qquad f \circ (a_1, ..., pa_i, ..., a_n) = pf \circ (a_1, ..., a_i, ..., a_n)$

Равенство

$$
\begin{aligned}
&(pf) \circ (x_1, ..., x_i + y_i, ..., x_n) \\
&= p\ f \circ (x_1, ..., x_i + y_i, ..., x_n) \\
(4.3.16)\quad &= p\ (f \circ (x_1, ..., x_i, ..., x_n) + f \circ (x_1, ..., y_i, ..., x_n)) \\
&= p(f \circ (x_1, ..., x_i, ..., x_n)) + p(f \circ (x_1, ..., y_i, ..., x_n)) \\
&= (pf) \circ (x_1, ..., x_i, ..., x_n) + (pf) \circ (x_1, ..., y_i, ..., x_n)
\end{aligned}
$$

является следствием равенств (4.3.12), (4.3.14). Равенство

$$
\begin{aligned}
&(pf) \circ (x_1, ..., qx_i, ..., x_n) \\
(4.3.17)\quad &= p(f \circ (x_1, ..., qx_i, ..., x_n)) = pq(f \circ (x_1, ..., x_i, ..., x_n)) \\
&= qp(f \circ (x_1, ..., x_n)) = q(pf) \circ (x_1, ..., x_n)
\end{aligned}
$$

является следствием равенств (4.3.12), (4.3.15). Из равенств (4.3.16), (4.3.17) и теоремы 4.3.2 следует, что отображение (4.3.11) является полилинейным отображением D-модулей.

Равенство

(4.3.18) $\qquad (p + q)f = pf + qf$

является следствием равенства

$$
\begin{aligned}
((p+q)f) \circ (x_1, ..., x_n) &= (p+q)(f \circ (x_1, ..., x_n)) \\
&= p(f \circ (x_1, ..., x_n)) + q(f \circ (x_1, ..., x_n)) \\
&= (pf) \circ (x_1, ..., x_n) + (qf) \circ (x_1, ..., x_n)
\end{aligned}
$$

Равенство

(4.3.19) $\qquad p(qf) = (pq)f$

является следствием равенства

$$(p(qf)) \circ (x_1, ..., x_n) = p\,(qf) \circ (x_1, ..., x_n) = p\,(q\,f \circ (x_1, ..., x_n))$$
$$= (pq)\,f \circ (x_1, ..., x_n) = ((pq)f) \circ (x_1, ..., x_n)$$

Из равенств (4.3.18), (4.3.19), следует, что отображение (4.3.13) является представлением кольца D в абелевой группе $\mathcal{L}(D; A_1 \times ... \times A_n \to S)$. Так как указанное представление эффективно, то, согласно определению 4.1.2 и теореме 4.3.3, абелева группа $\mathcal{L}(D; A_1 \to A_2)$ является D-модулем. $\square$

СЛЕДСТВИЕ 4.3.6. *Пусть A_1, A_2 - D-модули. Отображение*

(4.3.20) $$d\,f : A_1 \to A_2 \quad d \in D \quad f \in \mathcal{L}(D; A_1 \to A_2)$$

определённое равенством

(4.3.21) $$(d\,f) \circ x = d(f \circ x)$$

называется **произведением отображения f на скаляр** *d и является линейным отображением. Представление*

(4.3.22) $$a : f \in \mathcal{L}(D; A_1 \to A_2) \to af \in \mathcal{L}(D; A_1 \to A_2)$$

кольца D в абелевой группе $\mathcal{L}(D; A_1 \to A_2)$ порождает структуру D-модуля. $\square$

4.4. D-модуль $\mathcal{L}(D; A \to B)$

ТЕОРЕМА 4.4.1.

(4.4.1) $$\mathcal{L}(D; A^p \to \mathcal{L}(D; A^q \to B)) = \mathcal{L}(D; A^{p+q} \to B)$$

ДОКАЗАТЕЛЬСТВО. $\square$

ТЕОРЕМА 4.4.2. *Пусть*

$$\overline{\overline{e}} = \{e_i : i \in I\}$$

базис D-модуля A. Множество

(4.4.2) $$\overline{\overline{h}} = \{h^i \in \mathcal{L}(D; A \to D) : i \in I, h^i \circ e_j = \delta_j^i\}$$

является базисом D-модуля $\mathcal{L}(D; A \to D)$.

ДОКАЗАТЕЛЬСТВО.

ЛЕММА 4.4.3. *Отображения h^i линейно независимы.*
ДОКАЗАТЕЛЬСТВО. Пусть существуют D-числа c_i такие, что

$$c_i h^i = 0$$

Тогда для любого A-числа e_j

$$0 = c_i h^i \circ e_j = c_i \delta_j^i = c_j$$

Лемма является следствием определения 4.1.8. $\odot$

Лемма 4.4.4. *Отображение* $f \in \mathcal{L}(D; A \to D)$, *является линейной композицией отображений* h^i.

Доказательство. Для любого A-числа a,

$$(4.4.3) \qquad\qquad\qquad a = a^i e_i$$

равенство

$$(4.4.4) \qquad h^i \circ a = h^i \circ (a^j e_j) = a^j (h^i \circ e_j) = a^j \delta^i_j = a^i$$

является следствием равенств $(4.4.2)$, $(4.4.3)$ и теоремы $4.2.2$. Равенство

$$(4.4.5) \qquad f \circ a = f \circ (a^i e_i) = a^i (f \circ e_i) = (f \circ e_i)(h^i \circ a)$$

является следствием равенства $(4.4.4)$. Равенство

$$f = (f \circ e_i) h^i$$

является следствием равенств $(4.3.10)$, $(4.3.21)$, $(4.4.5)$. $\odot$

Теорема является следствием лемм $4.4.3$, $4.4.4$ и определения $4.1.10$. $\square$

Теорема 4.4.5. *Пусть D - коммутативное кольцо. Пусть*

$$\overline{\overline{e}}_i = \{ e_{i \cdot i} : i \in \boldsymbol{I}_i \}$$

базис D-модуля A_i, $i = 1, ..., n$. Пусть

$$\overline{\overline{e}}_B = \{ e_{B \cdot i} : i \in \boldsymbol{I} \}$$

базис D-модуля B. Множество

$$(4.4.6) \qquad \begin{aligned} \overline{\overline{h}} = \{\, & h_i^{i_1 \ldots i_n} \in \mathcal{L}(D; A_1 \times ... \times A_n \to B) : i \in \boldsymbol{I}, i_i \in \boldsymbol{I}_i, i = 1, ..., n, \\ & h_i^{i_1 \ldots i_n} \circ (e_{1 \cdot j_1}, ..., e_{n \cdot j_n}) = \delta^{i_1}_{j_1} ... \delta^{i_n}_{j_n} e_{B \cdot i} \} \end{aligned}$$

является базисом D-модуля $\mathcal{L}(D; A_1 \times ... \times A_n \to B)$.

Доказательство.

Лемма 4.4.6. *Отображения* $h_i^{i_1 \ldots i_n}$ *линейно независимы.*
Доказательство. Пусть существуют D-числа $c^i_{i_1 \ldots i_n}$ такие, что

$$c^i_{i_1 \ldots i_n} h_i^{i_1 \ldots i_n} = 0$$

Тогда для любого набора индексов $\boldsymbol{j}_1, ..., \boldsymbol{j}_n$

$$0 = c^i_{i_1 \ldots i_n} h_i^{i_1 \ldots i_n} \circ (e_{1 \cdot j_1}, ..., e_{n \cdot j_n}) = c^i_{i_1 \ldots i_n} \delta^{i_1}_{j_1} ... \delta^{i_n}_{j_n} e_{B \cdot i} = c^i_{j_1 \ldots j_n} e_{B \cdot i}$$

Следовательно, $c^i_{j_1 \ldots j_n} = 0$. Лемма является следствием определения $4.1.8$.
$\odot$

Лемма 4.4.7. *Отображение* $f \in \mathcal{L}(D; A_1 \times ... \times A_n \to B)$ *является линейной композицией отображений* $h_i^{i_1 \ldots i_n}$.

Доказательство. Для любого A_1-числа a_1

(4.4.7) $$a_1 = a_1^{i_1} e_{1 \cdot i_1}$$

..., для любого A_n-числа a_n

(4.4.8) $$a_n = a_n^{i_n} e_{n \cdot i_n}$$

равенство

(4.4.9)
$$
\begin{aligned}
h_i^{i_1 \ldots i_n} \circ (a_1, \ldots, a_n) &= h_i^{i_1 \ldots i_n} \circ (a_1^{j_1} e_{1 \cdot j_1}, \ldots, a_n^{j_n} e_{n \cdot j_n}) \\
&= a_1^{j_1} \ldots a_n^{j_n} (h_i^{i_1 \ldots i_n} \circ (e_{1 \cdot j_1}, \ldots, e_{n \cdot j_n})) \\
&= a_1^{j_1} \ldots a_n^{j_n} \delta_{j_1}^{i_1} \ldots \delta_{j_n}^{i_n} e_{B \cdot i} \\
&= a_1^{i_1} \ldots a_n^{i_n} e_{B \cdot i}
\end{aligned}
$$

является следствием равенств (4.4.6), (4.4.7), (4.4.8) и теоремы 4.2.2. Равенство

(4.4.10)
$$
\begin{aligned}
f \circ (a_1, \ldots, a_n) &= f \circ (a_1^{j_1} e_{1 \cdot j_1}, \ldots, a_n^{j_n} e_{n \cdot j_n}) \\
&= a_1^{j_1} \ldots a_n^{j_n} f \circ (e_{1 \cdot j_1} \ldots e_{n \cdot j_n})
\end{aligned}
$$

является следствием равенств (4.4.7), (4.4.8). Так как

$$f \circ (e_{1 \cdot j_1} \ldots e_{n \cdot j_n}) \in B$$

то

(4.4.11) $$f \circ (e_{1 \cdot j_1} \ldots e_{n \cdot j_n}) = f_{j_1 \ldots j_n}^i e_i$$

Равенство

(4.4.12)
$$
\begin{aligned}
f \circ (a_1, \ldots, a_n) &= a_1^{i_1} \ldots a_n^{i_n} f_{i_1 \ldots i_n}^i e_i \\
&= f_{i_1 \ldots i_n}^i h_i^{i_1 \ldots i_n} \circ (a_1, \ldots, a_n)
\end{aligned}
$$

является следствием равенств (4.4.9), (4.4.10), (4.4.11). Равенство

$$f = f_{i_1 \ldots i_n}^i h_i^{i_1 \ldots i_n}$$

является следствием равенств (4.3.2), (4.3.12), (4.4.12). ⊙

Теорема является следствием лемм 4.4.6, 4.4.7 и определения 4.1.10. □

Теорема 4.4.8. *Пусть A_1, ..., A_n, B - свободные модули над коммутативным кольцом D. D-модуль $\mathcal{L}(D; A_1 \times \ldots \times A_n \to B)$ является свободным D-модулем.*

Доказательство. Теорема является следствием теоремы 4.4.5. □

4.5. Тензорное произведение D-модулей

ТЕОРЕМА 4.5.1. *Коммутативное кольцо D является абелевой мульти-пликативной Ω-группой.*

ДОКАЗАТЕЛЬСТВО. Мы полагаем, что произведение $\circ$ в кольце D определён согласно правилу

$$a \circ b = ab$$

Так как произведение в кольце дистрибутивно относительно сложения, теорема является следствием определений 3.1.5, 3.1.8. $\qquad\square$

ТЕОРЕМА 4.5.2. **Тензорное произведение** $A_1 \otimes ... \otimes A_n$ *D-модулей A_1, ..., A_n существует.*

ДОКАЗАТЕЛЬСТВО. Теорема является следствием определения 4.1.2 и теорем 3.3.5, 4.5.1. $\qquad\square$

ТЕОРЕМА 4.5.3. *Пусть D - коммутативное кольцо. Пусть A_1, ..., A_n - D-модули. Тензорное произведение дистрибутивно относительно сложения*

$$(4.5.1) \quad \begin{aligned} &a_1 \otimes ... \otimes (a_i + b_i) \otimes ... \otimes a_n \\ &= a_1 \otimes ... \otimes a_i \otimes ... \otimes a_n + a_1 \otimes ... \otimes b_i \otimes ... \otimes a_n \\ &a_i, b_i \in A_i \end{aligned}$$

Представление кольца D в тензорном произведении определено равенством

$$(4.5.2) \quad \begin{aligned} &a_1 \otimes ... \otimes (ca_i) \otimes ... \otimes a_n = c(a_1 \otimes ... \otimes a_i \otimes ... \otimes a_n) \\ &a_i \in A_i \quad c \in D \end{aligned}$$

ДОКАЗАТЕЛЬСТВО. Равенство (4.5.1) является следствием равенства (3.3.23). Равенство (4.5.2) является следствием равенства (3.3.24). $\qquad\square$

ТЕОРЕМА 4.5.4. *Пусть A_1, ..., A_n - модули над коммутативным кольцом D. Пусть*

$$f : A_1 \times ... \times A_n \to A_1 \otimes ... \otimes A_n$$

полилинейное отображение, определённое равенством

$$(4.5.3) \quad f \circ (d_1, ..., d_n) = d_1 \otimes ... \otimes d_n$$

Пусть

$$g : A_1 \times ... \times A_n \to V$$

полилинейное отображение в D-модуль V. Существует линейное отображение

$$h : A_1 \otimes ... \otimes A_n \to V$$

такое, что диаграмма

(4.5.4)

коммутативна. Отображение h определено равенством

(4.5.5) $$h(a_1 \otimes ... \otimes a_n) = g(a_1, ..., a_n)$$

Доказательство. Теорема является следствием теоремы 3.3.10 и определений 4.2.1, 4.3.1. $\square$

Теорема 4.5.5. *Отображение*

$$(v_1, ..., v_n) \in V_1 \times ... \times V_n \to v_1 \otimes ... \otimes v_n \in V_1 \otimes ... \otimes V_n$$

является полилинейным отображением.

Доказательство. Теорема является следствием теоремы 3.3.9 и определения 4.3.1. $\square$

Теорема 4.5.6. *Тензорное произведение $A_1 \otimes ... \otimes A_n$ свободных конечномерных модулей A_1, ..., A_n над коммутативным кольцом D является свободным конечномерным модулем.*

Пусть $\overline{\overline{e}}_i$ - базис модуля A_i над кольцом D. Произвольный тензор $a \in A_1 \otimes ... \otimes A_n$ можно представить в виде

(4.5.6) $$a = a^{i_1...i_n} e_{1 \cdot i_1} \otimes ... \otimes e_{n \cdot i_n}$$

*Мы будем называть выражение $a^{i_1...i_n}$ **стандартной компонентой тензора**.*

Доказательство. Вектор $a_i \in A_i$ имеет разложение

$$a_i = a_i^{k} \overline{e}_{i \cdot k}$$

относительно базиса $\overline{\overline{e}}_i$. Из равенств (4.5.1), (4.5.2) следует

$$a_1 \otimes ... \otimes a_n = a_1^{i_1}...a_n^{i_n} e_{1 \cdot i_1} \otimes ... \otimes e_{n \cdot i_n}$$

Так как множество тензоров $a_1 \otimes ... \otimes a_n$ является множеством образующих модуля $A_1 \otimes ... \otimes A_n$, то тензор $a \in A_1 \otimes ... \otimes A_n$ можно записать в виде

(4.5.7) $$a = a^s a_{s \cdot 1}^{i_1}...a_{s \cdot n}^{i_n} e_{1 \cdot i_1} \otimes ... \otimes e_{n \cdot i_n}$$

где a^s, $a_{s \cdot 1}^{i_1}$, ..., $a_{s \cdot n}^{i_n} \in F$. Положим

$$a^s a_{s \cdot 1}^{i_1}...a_{s \cdot n}^{i_n} = a^{i_1...i_n}$$

Тогда равенство (4.5.7) примет вид (4.5.6).

Следовательно, множество тензоров $e_{1 \cdot i_1} \otimes \ldots \otimes e_{n \cdot i_n}$ является множеством образующих модуля $A_1 \otimes \ldots \otimes A_n$. Так как размерность модуля A_i, $i = 1, \ldots, n$, конечна, то конечно множество тензоров $e_{1 \cdot i_1} \otimes \ldots \otimes e_{n \cdot i_n}$. Следовательно, множество тензоров $e_{1 \cdot i_1} \otimes \ldots \otimes e_{n \cdot i_n}$ содержит базис модуля $A_1 \otimes \ldots \otimes A_n$, и модуль $A_1 \otimes \ldots \otimes A_n$ является свободным модулем над кольцом D. $\qquad\square$

Глава 5

D-алгебра

5.1. Алгебра над коммутативным кольцом

Определение 5.1.1. *Пусть D - коммутативное кольцо. D-модуль A называется* **алгеброй над кольцом D или D-алгеброй**, *если определена операция произведения* [5.1] *в A*

$$(5.1.1) \qquad v\,w = C \circ (v, w)$$

где C - билинейное отображение

$$C : A \times A \to A$$

Если A является свободным D-модулем, то A называется **свободной алгеброй над кольцом D**. $\qquad\square$

Теорема 5.1.2. *Произведение в алгебре A дистрибутивно по отношению к сложению.*

Доказательство. Утверждение теоремы следует из цепочки равенств

$$(a + b)c = f \circ (a + b, c) = f \circ (a, c) + f \circ (b, c) = ac + bc$$
$$a(b + c) = f \circ (a, b + c) = f \circ (a, b) + f \circ (a, c) = ab + ac$$

$\qquad\square$

Произведение в алгебре может быть ни коммутативным, ни ассоциативным. Следующие определения основаны на определениях, данным в [9], с. 13.

Определение 5.1.3. **Коммутатор**

$$[a, b] = ab - ba$$

служит мерой коммутативности в D-алгебре A. D-алгебра A называется **коммутативной**, *если*

$$[a, b] = 0$$

$\qquad\square$

[5.1]Я следую определению, приведенному в [9], с. 1, [7], с. 4. Утверждение, верное для произвольного D-модуля, верно также для D-алгебры.

ОПРЕДЕЛЕНИЕ 5.1.4. **Ассоциатор**

(5.1.2) $$(a, b, c) = (ab)c - a(bc)$$

служит мерой ассоциативности в D-алгебре A. D-алгебра A называется **ассоциативной**, *если*

$$(a, b, c) = 0$$

$\square$

ТЕОРЕМА 5.1.5. *Пусть A - алгебра над коммутативным кольцом D.*[5.2]

(5.1.3) $$a(b, c, d) + (a, b, c)d = (ab, c, d) - (a, bc, d) + (a, b, cd)$$

для любых $a, b, c, d \in A$.

ДОКАЗАТЕЛЬСТВО. Равенство (5.1.3) следует из цепочки равенств

$$a(b, c, d) + (a, b, c)d = a((bc)d - b(cd)) + ((ab)c - a(bc))d$$
$$= a((bc)d) - a(b(cd)) + ((ab)c)d - (a(bc))d$$
$$= ((ab)c)d - (ab)(cd) + (ab)(cd)$$
$$+ a((bc)d) - a(b(cd)) - (a(bc))d$$
$$= (ab, c, d) - (a(bc))d + a((bc)d) + (ab)(cd) - a(b(cd))$$
$$= (ab, c, d) - (a, (bc), d) + (a, b, cd)$$

$\square$

ОПРЕДЕЛЕНИЕ 5.1.6. **Ядро D-алгебры** A - *это множество*[5.3]

$$N(A) = \{a \in A : \forall b, c \in A, (a, b, c) = (b, a, c) = (b, c, a) = 0\}$$

$\square$

ОПРЕДЕЛЕНИЕ 5.1.7. **Центр D-алгебры** A - *это множество*[5.4]

$$Z(A) = \{a \in A : a \in N(A), \forall b \in A, ab = ba\}$$

$\square$

ТЕОРЕМА 5.1.8. *Пусть D - коммутативное кольцо. Если D-алгебра A имеет единицу, то существует изоморфизм f кольца D в центр алгебры A.*

ДОКАЗАТЕЛЬСТВО. Пусть $e \in A$ - единица алгебры A. Положим $f \circ a = ae$. $\square$

Пусть $\bar{\bar{e}}$ - базис свободной алгебры A над кольцом D. Если алгебра A имеет единицу, положим e_0 - единица алгебры A.

[5.2]Утверждение теоремы опирается на равенство [9]-(2.4).

[5.3]Определение дано на базе аналогичного определения в [9], с. 13

[5.4]Определение дано на базе аналогичного определения в [9], с. 14

Теорема 5.1.9. *Пусть $\overline{\overline{e}}$ - базис свободной алгебры A над кольцом D. Пусть*

$$a = a^i e_i \quad b = b^i e_i \quad a, b \in A$$

Произведение a, b можно получить согласно правилу

(5.1.4) $$(ab)^k = C^k_{ij} a^i b^j$$

*где C^k_{ij} - **структурные константы** алгебры A над кольцом D. Произведение базисных векторов в алгебре A определено согласно правилу*

(5.1.5) $$e_i e_j = C^k_{ij} e_k$$

Доказательство. Равенство (5.1.5) является следствием утверждения, что $\overline{\overline{e}}$ является базисом алгебры A. Так как произведение в алгебре является билинейным отображением, то произведение a и b можно записать в виде

(5.1.6) $$ab = a^i b^j e_i e_j$$

Из равенств (5.1.5), (5.1.6), следует

(5.1.7) $$ab = a^i b^j C^k_{ij} e_k$$

Так как $\overline{\overline{e}}$ является базисом алгебры A, то равенство (5.1.4) следует из равенства (5.1.7). $\square$

Теорема 5.1.10. *Если алгебра A коммутативна, то*

(5.1.8) $$C^p_{ij} = C^p_{ji}$$

Если алгебра A ассоциативна, то

(5.1.9) $$C^p_{ij} C^q_{pk} = C^q_{ip} C^p_{jk}$$

Доказательство. Для коммутативной алгебры, равенство (5.1.8) следует из равенства

$$e_i e_j = e_j e_i$$

Для ассоциативной алгебры, равенство (5.1.9) следует из равенства

$$(e_i e_j) e_k = e_i (e_j e_k)$$

$\square$

Теорема 5.1.11. *Представление*

(5.1.10) $$f_{2,3} : A \dashrightarrow A$$

D-модуля A в D-модуле A эквивалентно структуре D-алгебры A.

Доказательство.

- Пусть в D-модуле A определена структура D-алгебры A, порождённая произведением

$$v\,w = C \circ (v, w)$$

Согласно определениям 5.1.1 и 4.3.1, **левый сдвиг** D-**модуля** A, определённый равенством

$$(5.1.11) \qquad\qquad l \circ v : w \in A \to v\,w \in A$$

является линейным отображением. Согласно определению 4.2.1, отображение $l \circ v$ является эндоморфизмом D-модуля A.

Равенство

$$(5.1.12) \quad (l \circ (v_1 + v_2)) \circ w = (v_1 + v_2)w = v_1 w + v_2 w = (l \circ v_1) \circ w + (l \circ v_2) \circ w$$

является следствием определения 4.3.1 и равенства (5.1.11). Согласно следствию 4.3.4, равенство

$$(5.1.13) \qquad\qquad l \circ (v_1 + v_2) = l \circ v_1 + l \circ v_2$$

является следствием равенства (5.1.12). Равенство

$$(5.1.14) \qquad\quad (l \circ (dv)) \circ w = (dv)w = d(vw) = d((l \circ v) \circ w)$$

является следствием определения 4.3.1 и равенства (5.1.11). Согласно следствию 4.3.4, равенство

$$(5.1.15) \qquad\qquad l \circ (dv) = d(l \circ v)$$

является следствием равенства (5.1.14). Из равенств (5.1.13), (5.1.15) следует, что отображение

$$f_{2,3} : v \to l \circ v$$

является представлением D-модуля A в D-модуле A

$$(5.1.16) \qquad\qquad f_{2,3} : A \overset{*}{\longrightarrow} A \quad f_{2,3} \circ v : w \to (l \circ v) \circ w$$

- Рассмотрим представление (5.1.10) D-модуля A в D-модуле A. Поскольку отображение $f_{2,3} \circ v$ является эндоморфизмом D-модуля A, то

$$(5.1.17) \qquad \begin{aligned} (f_{2,3} \circ v)(w_1 + w_2) &= (f_{2,3} \circ v) \circ w_1 + (f_{2,3} \circ v) \circ w_2 \\ (f_{2,3} \circ v) \circ (dw) &= d((f_{2,3} \circ v) \circ w) \end{aligned}$$

Поскольку отображение (5.1.10) является линейным отображением

$$f_{2,3} : A \to \mathcal{L}(D; A; A)$$

то, согласно следствиям 4.3.4, 4.3.6,

$$(5.1.18) \quad (f_{2,3} \circ (v_1 + v_2)) \circ w = (f_{2,3} \circ v_1 + f_{2,3} \circ v_2)(w) = (f_{2,3} \circ v_1) \circ w + (f_{2,3} \circ v_2) \circ w$$

$$(5.1.19) \qquad (f_{2,3} \circ (d\,v)) \circ w = (d\,(f_{2,3} \circ v)) \circ w = d\,((f_{2,3} \circ v) \circ w)$$

Из равенств (5.1.17), (5.1.18), (5.1.19) и определения 4.3.1, следует, что отображение $f_{2,3}$ является билинейным отображением. Следовательно, отображение $f_{2,3}$ определяет произведение в D-модуле A согласно правилу

$$vw = (f_{2,3} \circ v) \circ w$$

$\square$

СЛЕДСТВИЕ 5.1.12. D - коммутативное кольцо, A - абелевая группа. Диаграмма представлений

(5.1.20)
$$D \xrightarrow{g_{1,2}} A \xrightarrow{g_{2,3}} A \qquad g_{1,2}(d) : v \to d\,v$$
$$\uparrow{\scriptstyle g_{1,2}} \qquad g_{2,3}(v) : w \to C \circ (v, w)$$
$$D \qquad\qquad C \in \mathcal{L}(D; A^2 \to A)$$

порождает структуру D-алгебры A.

$\square$

5.2. Линейный гомоморфизм

ТЕОРЕМА 5.2.1. Пусть

(5.2.1)
$$D_1 \xrightarrow{g_{1\cdot1,2}} A_1 \xrightarrow{g_{1\cdot2,3}} A_1 \qquad g_{1\cdot1,2}(d) : v \to d\,v$$
$$\uparrow{\scriptstyle g_{1\cdot1,2}} \qquad g_{1\cdot2,3}(v) : w \to C_1 \circ (v, w)$$
$$D_1 \qquad\qquad C_1 \in \mathcal{L}(D_1; A_1^2 \to A_1)$$

диаграмма представлений, описывающая D_1-алгебру A_1. Пусть

(5.2.2)
$$D_2 \xrightarrow{g_{2\cdot1,2}} A_2 \xrightarrow{g_{2\cdot2,3}} A_2 \qquad g_{2\cdot1,2}(d) : v \to d\,v$$
$$\uparrow{\scriptstyle g_{2\cdot1,2}} \qquad g_{2\cdot2,3}(v) : w \to C_2 \circ (v, w)$$
$$D_2 \qquad\qquad C_2 \in \mathcal{L}(D_2; A_2^2 \to A_2)$$

диаграмма представлений, описывающая D_2-алгебру A_2. Морфизм D_1-алгебры A_1 в D_2-алгебру A_2 - это кортеж отображений

$$r_1 : D_1 \to D_2 \quad r_2 : A_1 \to A_2$$

где отображение r_1 является гомоморфизмом кольца D_1 в кольцо D_2 и отображение r_2 является линейным отображением D_1-алгебры A_1 в D_2-алгебру A_2 таким, что

(5.2.3)
$$r_2(ab) = r_2(a)r_2(b)$$

ДОКАЗАТЕЛЬСТВО. Согласно равенствам [3]-(4.2.3), морфизм (r_1, r_2) представления $f_{1,2}$ удовлетворяет равенству

(5.2.4)
$$r_2(f_{1\cdot1,2}(d)(a)) = f_{2\cdot1,2}(r_1(d))(r_2(a))$$
$$r_2(d\,a) = r_1(d)r_2(a)$$

Следовательно, отображение (r_1, r_2) является линейным отображением.

Согласно равенству [3]-(4.2.3), морфизм (r_2, r_2) представления $f_{2,3}$ удовлетворяет равенству [5.5]

$$(5.2.5) \qquad r_2(f_{1 \cdot 2,3}(a_2)(a_3)) = f_{2 \cdot 2,3}(r_2(a_2))(r_2(a_3))$$

Из равенств (5.2.5), (5.2.1), (5.2.2), следует

$$(5.2.6) \qquad r_2(C_1(v, w)) = C_2(r_2(v), r_2(w))$$

Равенство (5.2.3) следует из равенств (5.2.6), (5.1.1). $\qquad\qquad\square$

ОПРЕДЕЛЕНИЕ 5.2.2. *Морфизм представлений D_1-алгебры A_1 в D_2-алгебру A_2 называется **линейным гомоморфизмом** D_1-алгебры A_1 в D_2-алгебру A_2.* $\qquad\square$

ТЕОРЕМА 5.2.3. *Пусть $\overline{\overline{e}}_1$ - базис D_1-алгебры A_1. Пусть $\overline{\overline{e}}_2$ - базис D_2-алгебры A_2. Тогда линейный гомоморфизм [5.6] (r_1, r_2) D_1-алгебры A_1 в D_2-алгебру A_2 имеет представление [5.7]*

$$(5.2.7) \qquad b = e_{2*}{}^* r_{2*}{}^* r_1(a) = e_{2 \cdot i} r_2{}_{\cdot j}^{\,i} r_1(a^j)$$

$$(5.2.8) \qquad b = r_{2*}{}^* r_1(a)$$

относительно заданных базисов. Здесь

- *a - координатная матрица вектора $\overline{a}$ относительно базиса $\overline{\overline{e}}_1$.*
- *b - координатная матрица вектора*

$$b = r_2(a)$$

  относительно базиса $\overline{\overline{e}}_2$.

- *r_2 - координатная матрица множества векторов $(r_2(e_{1 \cdot i}))$ относительно базиса $\overline{\overline{e}}_2$. Мы будем называть матрицу r_2 **матрицей линейного гомоморфизма** относительно базисов $\overline{\overline{e}}_1$ и $\overline{\overline{e}}_2$.*

ДОКАЗАТЕЛЬСТВО. Вектор $\overline{a} \in A_1$ имеет разложение

$$\overline{a} = e_{1*}{}^* a$$

относительно базиса $\overline{\overline{e}}_1$. Вектор $\overline{b} \in A_2$ имеет разложение

$$(5.2.9) \qquad \overline{b} = e_2{}^*{}_* b$$

относительно базиса $\overline{\overline{e}}_2$.

[5.5]Так как в диаграммах представлений (5.2.1), (5.2.2), носители Ω_2-алгебры и Ω_3-алгебры совпадают, то также совпадают морфизмы представлений на уровнях 2 и 3.

[5.6]Эта теорема аналогична теореме [5]-5.4.3.

[5.7]Произведение матриц над коммутативным кольцом определено только как ${}_*{}^*$-произведение. Однако я предпочитаю явно указывать операцию, так как в этом случае видно, что в выражении участвуют матрицы. Кроме того, я планирую рассмотреть подобную теорему в некоммутативном случае.

Так как (r_1, r_2) - линейный гомоморфизм, то на основании (5.2.4) следует, что

(5.2.10) $$b = r_2(a) = r_2(e_1{}^*{}_*a) = r_2(e_1)_*{}^* r_1(a)$$

где

$$r_1(a) = \begin{pmatrix} r_1(a^1) \\ ... \\ r_1(a^n) \end{pmatrix}$$

$r_2(e_{1 \cdot i})$ также вектор D-модуля A_2 и имеет разложение

(5.2.11) $$r_2(e_{1 \cdot i}) = e_{2*}{}^* r_{2 \cdot i} = e_{2 \cdot j} \, r_{2 \cdot i}^{\,j}$$

относительно базиса $\bar{\bar{e}}_2$. Комбинируя (5.2.10) и (5.2.11), мы получаем (5.2.7). (5.2.8) следует из сравнения (5.2.9) и (5.2.7) и теоремы [5]-5.3.3, $\qquad \square$

Теорема 5.2.4. *Пусть $\bar{\bar{e}}_1$ - базис $D_1 \star$-алгебры A_1. Пусть $\bar{\bar{e}}_2$ - базис $D_2 \star$-алгебры A_2. Если отображение r_1 является инъекцией, то матрица линейного гомоморфизма и структурные константы связаны соотношением*

(5.2.12) $$r_{2 \cdot k}^{\,l} r_1(C_{1 \cdot ij}^{\quad k}) = C_{2 \cdot pq}^{\quad l} r_{2 \cdot i}^{\,p} r_{2 \cdot j}^{\,q}$$

Доказательство. Пусть

$$\bar{a}, \bar{b} \in A_1 \quad \bar{a} = e_{1*}{}^*a \quad \bar{b} = e_{1*}{}^*b$$

Из равенств (5.1.4), (5.1.1), (5.2.1), следует

(5.2.13) $$ab = e_{1 \cdot k} C_{1 \cdot ij}^{\quad k} a^i b^j$$

Из равенств (5.2.4), (5.2.13), следует

(5.2.14) $$r_2(ab) = r_2(e_{1 \cdot k}) r_1(C_{1 \cdot ij}^{\quad k} a^i b^j)$$

Поскольку отображение r_1 является гомоморфизмом колец, то из равенства (5.2.14), следует

(5.2.15) $$r_2(ab) = r_2(e_{1 \cdot k}) r_1(C_{1 \cdot ij}^{\quad k}) r_1(a^i) r_1(b^j)$$

Из теоремы 5.2.3 и равенства (5.2.15), следует

(5.2.16) $$r_2(ab) = e_{2 \cdot l} \, r_{2 \cdot k}^{\,l} r_1(C_{1 \cdot ij}^{\quad k}) r_1(a^i) r_1(b^j)$$

Из равенства (5.2.3) и теоремы 5.2.3, следует

(5.2.17) $$r_2(ab) = r_2(a) r_2(b) = e_{2 \cdot p} \, r_1(a^i) r_{2 \cdot i}^{\,p} e_{2 \cdot q} \, r_1(b^j) r_{2 \cdot j}^{\,q}$$

Из равенств (5.1.4), (5.1.1), (5.2.2), (5.2.17), следует

(5.2.18) $$r_2(ab) = e_{2 \cdot l} \, C_{2 \cdot pq}^{\quad l} r_1(a^i) r_{2 \cdot i}^{\,p} r_1(b^j) r_{2 \cdot j}^{\,q}$$

Из равенств (5.2.16), (5.2.18), следует

(5.2.19) $$e_{2 \cdot l} \, r_{2 \cdot k}^{\,l} r_1(C_{1 \cdot ij}^{\quad k}) r_1(a^i) r_1(b^j) = e_{2 \cdot l} \, C_{2 \cdot pq}^{\quad l} r_1(a^i) r_{2 \cdot i}^{\,p} r_1(b^j) r_{2 \cdot j}^{\,q}$$

Равенство (5.2.12) следует из равенства (5.2.19), так как векторы базиса $\bar{\bar{e}}_2$ линейно независимы, и a^i, b^i (а следовательно, $r_1(a^i)$, $r_1(b^i)$) - произвольные величины. $\qquad\square$

5.3. Линейный автоморфизм алгебры кватернионов

Определение координат линейного автоморфизма - задача непростая. В этом разделе мы рассмотрим пример нетривиального линейного автоморфизма алгебры кватернионов.

ТЕОРЕМА 5.3.1. *Координаты линейного автоморфизма алгебры кватернионов удовлетворяют системе уравнений*

$$(5.3.1) \quad \begin{cases} r_1^1 = r_2^2 r_3^3 - r_2^3 r_3^2 & r_2^1 = r_3^2 r_1^3 - r_3^3 r_1^2 & r_3^1 = r_1^2 r_2^3 - r_1^3 r_2^2 \\ r_1^2 = r_2^3 r_3^1 - r_2^1 r_3^3 & r_2^2 = r_3^3 r_1^1 - r_3^1 r_1^3 & r_3^2 = r_1^3 r_2^1 - r_1^1 r_2^3 \\ r_1^3 = r_2^1 r_3^2 - r_2^2 r_3^1 & r_2^3 = r_3^1 r_1^2 - r_3^2 r_1^1 & r_3^3 = r_1^1 r_2^2 - r_1^2 r_2^1 \end{cases}$$

ДОКАЗАТЕЛЬСТВО. Согласно теоремам [4]-4.3.1, 5.2.4, линейный автоморфизм алгебры кватернионов удовлетворяет уравнениям

$$(5.3.2) \quad \begin{array}{llll} r_0^l = r_0^p r_0^q C_{pq}^l & r_1^l = r_0^p r_1^q C_{pq}^l & r_2^l = r_0^p r_2^q C_{pq}^l & r_3^l = r_0^p r_3^q C_{pq}^l \\ r_1^l = r_1^p r_0^q C_{pq}^l & -r_0^l = r_1^p r_1^q C_{pq}^l & r_3^l = r_1^p r_2^q C_{pq}^l & -r_2^l = r_1^p r_3^q C_{pq}^l \\ r_2^l = r_2^p r_0^q C_{pq}^l & -r_3^l = r_2^p r_1^q C_{pq}^l & -r_0^l = r_2^p r_2^q C_{pq}^l & r_0^l = r_2^p r_3^q C_{pq}^l \\ r_3^l = r_3^p r_0^q C_{pq}^l & r_2^l = r_3^p r_1^q C_{pq}^l & -r_1^l = r_3^p r_2^q C_{pq}^l & -r_0^l = r_3^p r_3^q C_{pq}^l \end{array}$$

Из равенства (5.3.2) следует

$$(5.3.3) \quad \begin{array}{lll} r_1^l = r_0^p r_1^q C_{pq}^l = r_2^p r_3^q C_{pq}^l & r_0^p r_1^q C_{pq}^l = r_0^p r_1^q C_{qp}^l & r_2^p r_3^q C_{pq}^l = -r_2^p r_3^q C_{qp}^l \\ r_2^l = r_0^p r_2^q C_{pq}^l = r_3^p r_1^q C_{pq}^l & r_0^p r_2^q C_{pq}^l = r_0^p r_2^q C_{qp}^l & r_3^p r_1^q C_{pq}^l = -r_1^p r_3^q C_{qp}^l \\ r_3^l = r_0^p r_3^q C_{pq}^l = r_1^p r_2^q C_{pq}^l & r_0^p r_3^q C_{pq}^l = r_0^p r_3^q C_{qp}^l & r_1^p r_2^q C_{pq}^l = -r_1^p r_2^q C_{qp}^l \end{array}$$

$$(5.3.4) \quad r_0^l = r_0^p r_0^q C_{pq}^l = -r_1^p r_1^q C_{pq}^l = -r_2^p r_2^q C_{pq}^l = -r_3^p r_3^q C_{pq}^l$$

Если $l = 0$, то из равенства

$$C_{pq}^0 = C_{qp}^0$$

следует

$$(5.3.5) \quad r_i^p r_j^q C_{pq}^0 = r_i^p r_j^q C_{qp}^0$$

Из равенства (5.3.3) для $l = 0$ и равенства (5.3.5), следует

$$(5.3.6) \quad r_1^0 = r_2^0 = r_3^0 = 0$$

Если $l = 1, 2, 3,$ то равенство (5.3.3) можно записать в виде

$$(5.3.7) \quad \begin{cases} r_i^l = r_0^l r_i^0 C_{l0}^l + r_0^0 r_i^l C_{0l}^l + r_0^a r_i^b C_{ab}^l + r_0^b r_i^a C_{ba}^l \\[2mm] \quad r_0^l r_i^0 C_{l0}^l + r_0^0 r_i^l C_{0l}^l + r_0^a r_i^b C_{ab}^l + r_0^b r_i^a C_{ba}^l \\[2mm] \quad = r_0^l r_i^0 C_{0l}^l + r_0^0 r_i^l C_{l0}^l + r_0^a r_i^b C_{ba}^l + r_0^b r_i^a C_{ab}^l \\[2mm] \quad i = 1, 2, 3 \\[2mm] r_i^l = r_k^0 r_j^l C_{0l}^l + r_k^l r_j^0 C_{l0}^l + r_k^a r_j^b C_{ab}^l + r_k^b r_j^a C_{ba}^l \\[2mm] \quad r_k^0 r_j^l C_{0l}^l + r_k^l r_j^0 C_{l0}^l + r_k^a r_j^b C_{ab}^l + r_k^b r_j^a C_{ba}^l \\[2mm] \quad = -r_k^0 r_j^l C_{l0}^l - r_k^l r_j^0 C_{0l}^l - r_k^a r_j^b C_{ba}^l - r_k^b r_j^a C_{ab}^l \\[2mm] \quad i = 1 \qquad k = 2 \quad j = 3 \\[2mm] \quad i = 2 \qquad k = 3 \quad j = 1 \\[2mm] \quad i = 3 \qquad k = 1 \quad j = 2 \\[2mm] \quad 0 < a < b \quad a \neq l \quad b \neq l \end{cases}$$

Из равенств (5.3.7), (5.3.6) и равенств

$$(5.3.8) \quad \begin{aligned} C_{0l}^l &= C_{l0}^l = 1 \\ C_{ab}^l &= -C_{ba}^l \end{aligned}$$

следует

$$(5.3.9) \quad \begin{cases} r_i^l = r_0^0 r_i^l + r_0^a r_i^b C_{ab}^l - r_0^b r_i^a C_{ab}^l \\[2mm] \quad r_0^0 r_i^l + r_0^a r_i^b C_{ab}^l - r_0^b r_i^a C_{ab}^l \\[2mm] \quad = r_0^0 r_i^l - r_0^a r_i^b C_{ab}^l + r_0^b r_i^a C_{ab}^l \\[2mm] \quad i = 1, 2, 3 \\[2mm] r_i^l = r_k^a r_j^b C_{ab}^l - r_k^b r_j^a C_{ab}^l \\[2mm] \quad r_k^a r_j^b C_{ab}^l - r_k^b r_j^a C_{ab}^l \\[2mm] \quad = r_k^a r_j^b C_{ab}^l - r_k^b r_j^a C_{ab}^l \\[2mm] \quad i = 1 \qquad k = 2 \quad j = 3 \\[2mm] \quad i = 2 \qquad k = 3 \quad j = 1 \\[2mm] \quad i = 3 \qquad k = 1 \quad j = 2 \\[2mm] \quad 0 < a < b \quad a \neq l \quad b \neq l \end{cases}$$

Из равенств (5.3.9) следует

$$(5.3.10) \quad \begin{cases} r_i^l = r_0^0 r_i^l \\ \quad r_0^a r_i^b - r_0^b r_i^a = 0 \\ \quad i = 1, 2, 3 \\ r_i^l = r_k^a r_j^b C_{ab}^l - r_k^b r_j^a C_{ab}^l \\ \quad i = 1 \quad\quad k = 2 \quad j = 3 \\ \quad i = 2 \quad\quad k = 3 \quad j = 1 \\ \quad i = 3 \quad\quad k = 1 \quad j = 2 \\ \quad 0 < a < b \quad a \neq l \quad b \neq l \end{cases}$$

Из равенства (5.3.10) следует

$$(5.3.11) \qquad\qquad\qquad r_0^0 = 1$$

Из равенства (5.3.4) для $l = 0$ следует

$$(5.3.12) \quad \begin{aligned} r_0^0 &= r_0^0 r_0^0 - r_0^1 r_0^1 - r_0^2 r_0^2 - r_0^3 r_0^3 \\ &= -r_i^0 r_i^0 + r_i^1 r_i^1 + r_i^2 r_i^2 + r_i^3 r_i^3 \end{aligned}$$
$$i = 1, 2, 3$$

Из равенств (5.3.6), (5.3.10), (5.3.12), следует

$$(5.3.13) \quad \begin{aligned} 0 &= r_0^1 r_0^1 + r_0^2 r_0^2 + r_0^3 r_0^3 \\ 1 &= r_i^1 r_i^1 + r_i^2 r_i^2 + r_i^3 r_i^3 \end{aligned}$$
$$i = 1, 2, 3$$

Из равенств (5.3.13) следует [5.8]

$$(5.3.14) \qquad\qquad\qquad r_0^1 = r_0^2 = r_0^3 = 0$$

Из равенства (5.3.4) для $l > 0$ следует

$$(5.3.15) \quad \begin{aligned} r_0^l &= r_0^l r_0^0 C_{l0}^l + r_0^0 r_0^l C_{0l}^l + r_0^a r_0^b C_{ab}^l + r_0^b r_0^a C_{ba}^l \\ &= -r_i^l r_i^0 C_{l0}^l - r_i^0 r_i^l C_{0l}^l - r_i^a r_i^b C_{ab}^l - r_i^b r_i^a C_{ba}^l \end{aligned}$$
$$i > 0$$
$$l > 0 \quad 0 < a < b \quad a \neq l \quad b \neq l$$

[5.8] Мы здесь опираемся на то, что алгебра кватернионов определена над полем действительных чисел. Если рассматривать алгебру кватернионов над полем комплексных чисел, то уравнение (5.3.13) определяет конус в комплексном пространстве. Соответственно, у нас шире выбор координат линейного автоморфизма.

Равенства (5.3.15) тождественно верны в силу равенств (5.3.6), (5.3.14), (5.3.8). Из равенств (5.3.14), (5.3.10), следует

(5.3.16)
$$\begin{cases} r_i^l = r_k^a r_j^b C_{ab}^l - r_k^b r_j^a C_{ab}^l \\ i = 1 \quad k = 2 \quad j = 3 \\ i = 2 \quad k = 3 \quad j = 1 \\ i = 3 \quad k = 1 \quad j = 2 \\ l > 0 \quad 0 < a < b \quad a \neq l \quad b \neq l \end{cases}$$

Равенства (5.3.1) следуют из равенств (5.3.16). $\square$

ПРИМЕР 5.3.2. *Очевидно, координаты*

$$r_j^i = \delta_j^i$$

удовлетворяют уравнению (5.3.1). *Мы можем убедиться непосредственной проверкой, что координаты отображения*

$$r_0^0 = 1 \quad r_2^1 = 1 \quad r_3^2 = 1 \quad r_1^3 = 1$$

также удовлетворяют уравнению (5.3.1). *Матрица координат этого отображения имеет вид*

$$r = \begin{pmatrix} 1 & 0 & 0 & \\ 0 & 0 & 1 & 0 \\ 0 & 0 & 0 & 1 \\ 0 & 1 & 0 & 0 \end{pmatrix}$$

Согласно теореме [4]-4.3.4, стандартные компоненты отображения r имеют вид

$$r^{00} = \tfrac{1}{4} \quad r^{11} = -\tfrac{1}{4} \quad r^{22} = -\tfrac{1}{4} \quad r^{33} = -\tfrac{1}{4}$$

$$r^{10} = -\tfrac{1}{4} \quad r^{01} = \tfrac{1}{4} \quad r^{32} = -\tfrac{1}{4} \quad r^{23} = -\tfrac{1}{4}$$

$$r^{20} = -\tfrac{1}{4} \quad r^{31} = -\tfrac{1}{4} \quad r^{02} = \tfrac{1}{4} \quad r^{13} = -\tfrac{1}{4}$$

$$r^{30} = -\tfrac{1}{4} \quad r^{21} = -\tfrac{1}{4} \quad r^{12} = -\tfrac{1}{4} \quad r^{03} = \tfrac{1}{4}$$

Следовательно, отображение r имеет вид

$$r(a) = a^0 + a^2 i + a^3 j + a^1 k$$

$$r(a) = \frac{1}{4}(a - iai - jaj - kak - ia + ai - kaj - jak$$
$$-ja - kai + aj - iak - ka - jai - iaj + ak)$$

$\square$

Глава 6

Линейное отображение алгебры

6.1. Линейное отображение алгебры

ОПРЕДЕЛЕНИЕ 6.1.1. *Пусть A_1 и A_2 - алгебры над кольцом D. Линейное отображение D-модуля A_1 в D-модуль A_2 называется* **линейным отображением** *D-алгебры A_1 в D-алгебру A_2. Обозначим $\mathcal{L}(D; A_1 \to A_2)$ множество линейных отображений D-алгебры A_1 в D-алгебру A_2.* □

ОПРЕДЕЛЕНИЕ 6.1.2. *Пусть A_1, ..., A_n, S - D-алгебры. Полилинейное отображение*

$$f : A_1 \times ... \times A_n \to S$$

D-модулей A_1, ..., A_n в D-модуль S, Мы будем называть отображение **полилинейным отображением** *D-алгебр A_1, ..., A_n в D-модуль S. Обозначим $\mathcal{L}(D; A_1 \times ... \times A_n \to S)$ множество полилинейных отображений D-алгебр A_1, ..., A_n в D-алгебру S. Обозначим $\mathcal{L}(D; A^n \to S)$ множество n-линейных отображений D-алгебры A ($A_1 = ... = A_n = A$) в D-алгебру S.* □

ТЕОРЕМА 6.1.3. *Тензорное произведение $A_1 \otimes ... \otimes A_n$ D-алгебр A_1, ..., A_n является D-алгеброй.*

ДОКАЗАТЕЛЬСТВО. Согласно определению 5.1.1 и теореме 4.5.2, тензорное произведение $A_1 \otimes ... \otimes A_n$ D-алгебр A_1, ..., A_n является D-модулем.

Рассмотрим отображение

(6.1.1) $\qquad * : (A_1 \times ... \times A_n) \times (A_1 \times ... \times A_n) \to A_1 \otimes ... \otimes A_n$

определённое равенством

(6.1.2) $\qquad (a_1, ..., a_n) * (b_1, ..., b_n) = (a_1 b_1) \otimes ... \otimes (a_n b_n)$

Для заданных значений переменных b_1, ..., b_n, отображение (6.1.1) полилинейно по переменным a_1, ..., a_n. Согласно теореме 4.5.4, существует линейное отображение

(6.1.3) $\qquad * (b_1, ..., b_n) : A_1 \otimes ... \otimes A_n \to A_1 \otimes ... \otimes A_n$

определённое равенством

(6.1.4) $\qquad (a_1 \otimes ... \otimes a_n) * (b_1, ..., b_n) = (a_1 b_1) \otimes ... \otimes (a_n b_n)$

Так как произвольный тензор $a \in A_1 \otimes ... \otimes A_n$ можно представить в виде суммы тензоров вида $a_1 \otimes ... \otimes a_n$, то для заданного тензора $a \in A_1 \otimes ... \otimes A_n$

отображение (6.1.3) является полилинейным отображением переменных b_1, ..., b_n. Согласно теореме 4.5.4, существует линейное отображение

$$(6.1.5) \qquad *(a): A_1 \otimes ... \otimes A_n \to A_1 \otimes ... \otimes A_n$$

определённое равенством

$$(6.1.6) \qquad (a_1 \otimes ... \otimes a_n) * (b_1 \otimes ... \otimes b_n) = (a_1 b_1) \otimes ... \otimes (a_n b_n)$$

Следовательно, равенство (6.1.6) определяет билинейное отображение

$$(6.1.7) \qquad *: (A_1 \otimes ... \otimes A_n) \times (A_1 \otimes ... \otimes A_n) \to A_1 \otimes ... \otimes A_n$$

Билинейное отображение (6.1.7) определяет произведение в D-модуле $A_1 \otimes ... \otimes A_n$. $\qquad \square$

В случае тензорного произведения D-алгебр A_1, A_2 мы будем рассматривать произведение, определённое равенством

$$(6.1.8) \qquad (a_1 \otimes a_2) \circ (b_1 \otimes b_2) = (a_1 b_1) \otimes (b_2 a_2)$$

ТЕОРЕМА 6.1.4. *Пусть $\overline{\overline{e}}_i$ - базис алгебры A_i над кольцом D. Пусть $B_{i \cdot kl}^{\ \ \ j}$ - структурные константы алгебры A_i относительно базиса $\overline{\overline{e}}_i$. Структурные константы тензорного произведение $A_1 \otimes ... \otimes A_n$ относительно базиса $e_{1 \cdot i_1} \otimes ... \otimes e_{n \cdot i_n}$ имеют вид*

$$(6.1.9) \qquad C_{\cdot k_1 ... k_n \cdot l_1 ... l_n}^{\cdot j_1 ... j_n} = C_{1 \cdot k_1 l_1}^{\ \ \ j_1} ... C_{n \cdot k_n l_n}^{\ \ \ j_n}$$

ДОКАЗАТЕЛЬСТВО. Непосредственное перемножение тензоров $e_{1 \cdot i_1} \otimes ... \otimes e_{n \cdot i_n}$ имеет вид

$$(6.1.10) \qquad \begin{aligned} &(e_{1 \cdot k_1} \otimes ... \otimes e_{n \cdot k_n})(e_{1 \cdot l_1} \otimes ... \otimes e_{n \cdot l_n}) \\ =&(\overline{e}_{1 \cdot k_1} \overline{e}_{1 \cdot l_1}) \otimes ... \otimes (\overline{e}_{n \cdot k_n} \overline{e}_{n \cdot l_n}) \\ =&(\overline{e}_{1 \cdot k_1} \overline{e}_{1 \cdot l_1}) \otimes ... \otimes (\overline{e}_{n \cdot k_n} \overline{e}_{n \cdot l_n}) \\ =&(C_{1 \cdot k_1 l_1}^{\ \ \ j_1} \overline{e}_{1 \cdot j_1}) \otimes ... \otimes (C_{n \cdot k_n l_n}^{\ \ \ j_n} \overline{e}_{n \cdot j_n}) \\ =&C_{1 \cdot k_1 l_1}^{\ \ \ j_1} ... C_{n \cdot k_n l_n}^{\ \ \ j_n} \overline{e}_{1 \cdot j_1} \otimes ... \otimes \overline{e}_{n \cdot j_n} \end{aligned}$$

Согласно определению структурных констант

$$(6.1.11) \quad (e_{1 \cdot k_1} \otimes ... \otimes e_{n \cdot k_n})(e_{1 \cdot l_1} \otimes ... \otimes e_{n \cdot l_n}) = C_{\cdot k_1 ... k_n \cdot l_1 ... l_n}^{\cdot j_1 ... j_n}(e_{1 \cdot j_1} \otimes ... \otimes e_{n \cdot j_n})$$

Равенство (6.1.9) следует из сравнения (6.1.10), (6.1.11).

Из цепочки равенств

$$(a_1 \otimes ... \otimes a_n)(b_1 \otimes ... \otimes b_n)$$

$$=(a_1^{k_1}\overline{e}_{1 \cdot k_1} \otimes ... \otimes a_n^{k_n}\overline{e}_{n \cdot k_n})(b_1^{l_1}\overline{e}_{1 \cdot l_1} \otimes ... \otimes b_n^{l_n}\overline{e}_{n \cdot l_n})$$

$$=a_1^{k_1}...a_n^{k_n}b_1^{l_1}...b_n^{l_n}(\overline{e}_{1 \cdot k_1} \otimes ... \otimes \overline{e}_{n \cdot k_n})(\overline{e}_{1 \cdot l_1} \otimes ... \otimes \overline{e}_{n \cdot l_n})$$

$$=a_1^{k_1}...a_n^{k_n}b_1^{l_1}...b_n^{l_n}C_{\cdot k_1...k_n \cdot l_1...l_n}^{\cdot j_1...j_n}(e_{1 \cdot j_1} \otimes ... \otimes e_{n \cdot j_n})$$

$$=a_1^{k_1}...a_n^{k_n}b_1^{l_1}...b_n^{l_n}C_{1 \cdot k_1 l_1}^{j_1}...C_{n \cdot k_n l_n}^{j_n}(e_{1 \cdot j_1} \otimes ... \otimes e_{n \cdot j_n})$$

$$=(a_1^{k_1}b_1^{l_1}\,C_{1 \cdot k_1 l_1}^{j_1}\overline{e}_{1 \cdot j_1}) \otimes ... \otimes (a_n^{k_n}b_n^{l_n}C_{n \cdot k_n l_n}^{j_n}\overline{e}_{n \cdot j_n})$$

$$=(a_1 b_1) \otimes ... \otimes (a_n b_n)$$

следует, что определение произведения (6.1.11) со структурными константами (6.1.9) согласовано с определением произведения (6.1.6). $\qquad\square$

ТЕОРЕМА 6.1.5. *Для тензоров* a, $b \in A_1 \otimes ... \otimes A_n$ *стандартные компоненты произведения удовлетворяют равенству*

$$(6.1.12) \qquad (ab)^{j_1...j_n} = C_{\cdot k_1...k_n \cdot l_1...l_n}^{\cdot j_1...j_n}a^{k_1...k_n}b^{l_1...l_n}$$

ДОКАЗАТЕЛЬСТВО. Согласно определению

$$(6.1.13) \qquad ab = (ab)^{j_1...j_n}e_{1 \cdot j_1} \otimes ... \otimes e_{n \cdot j_n}$$

В тоже время

$$(6.1.14) \qquad \begin{aligned} ab &= a^{k_1...k_n}e_{1 \cdot k_1} \otimes ... \otimes e_{n \cdot k_n}b^{k_1...k_n}e_{1 \cdot l_1} \otimes ... \otimes e_{n \cdot l_n} \\ &= a^{k_1...k_n}b^{k_1...k_n}C_{\cdot k_1...k_n \cdot l_1...l_n}^{\cdot j_1...j_n}e_{1 \cdot j_1} \otimes ... \otimes e_{n \cdot j_n} \end{aligned}$$

Равенство (6.1.12) следует из равенств (6.1.13), (6.1.14). $\qquad\square$

ТЕОРЕМА 6.1.6. *Если алгебра* A_i, $i = 1, ..., n$, *ассоциативна, то тензорное произведение* $A_1 \otimes ... \otimes A_n$ - *ассоциативная алгебра.*

ДОКАЗАТЕЛЬСТВО. Поскольку

$$((e_{1 \cdot i_1} \otimes ... \otimes e_{n \cdot i_n})(e_{1 \cdot j_1} \otimes ... \otimes e_{n \cdot j_n}))(e_{1 \cdot k_1} \otimes ... \otimes e_{n \cdot k_n})$$

$$=((\overline{e}_{1 \cdot i_1}\overline{e}_{1 \cdot j_1}) \otimes ... \otimes (\overline{e}_{n \cdot i_n}\overline{e}_{1 \cdot j_n}))(e_{1 \cdot k_1} \otimes ... \otimes e_{n \cdot k_n})$$

$$=((\overline{e}_{1 \cdot i_1}\overline{e}_{1 \cdot j_1})\overline{e}_{1 \cdot k_1}) \otimes ... \otimes ((\overline{e}_{n \cdot i_n}\overline{e}_{1 \cdot j_n})\overline{e}_{1 \cdot k_n})$$

$$=(\overline{e}_{1 \cdot i_1}(\overline{e}_{1 \cdot j_1}\overline{e}_{1 \cdot k_1})) \otimes ... \otimes (\overline{e}_{n \cdot i_n}(\overline{e}_{1 \cdot j_n}\overline{e}_{1 \cdot k_n}))$$

$$=(e_{1 \cdot i_1} \otimes ... \otimes e_{n \cdot i_n})((\overline{e}_{1 \cdot j_1}\overline{e}_{1 \cdot k_1}) \otimes ... \otimes (\overline{e}_{1 \cdot j_n}\overline{e}_{1 \cdot k_n}))$$

$$=(e_{1 \cdot i_1} \otimes ... \otimes e_{n \cdot i_n})((e_{1 \cdot j_1} \otimes ... \otimes e_{n \cdot j_n})(e_{1 \cdot k_1} \otimes ... \otimes e_{n \cdot k_n}))$$

то

$$(ab)c = a^{i_1 \ldots i_n} b^{j_1 \ldots j_n} c^{k_1 \ldots k_n}$$

$$((e_{1 \cdot i_1} \otimes \ldots \otimes e_{n \cdot i_n})(e_{1 \cdot j_1} \otimes \ldots \otimes e_{n \cdot j_n}))(e_{1 \cdot k_1} \otimes \ldots \otimes e_{n \cdot k_n})$$

$$= a^{i_1 \ldots i_n} b^{j_1 \ldots j_n} c^{k_1 \ldots k_n}$$

$$(e_{1 \cdot i_1} \otimes \ldots \otimes e_{n \cdot i_n})((e_{1 \cdot j_1} \otimes \ldots \otimes e_{n \cdot j_n})(e_{1 \cdot k_1} \otimes \ldots \otimes e_{n \cdot k_n}))$$

$$= a(bc)$$

$\square$

ТЕОРЕМА 6.1.7. *Пусть A - алгебра над коммутативным кольцом D. Существует линейное отображение*

$$h : a \otimes b \in A \otimes A \to ab \in A$$

ДОКАЗАТЕЛЬСТВО. Теорема является следствием определения 5.1.1 и теоремы 4.5.4. $\square$

ТЕОРЕМА 6.1.8. *Пусть отображение*

$$f : A_1 \to A_2$$

является линейным отображением D-алгебры A_1 в D-алгебру A_2. Тогда отображения af, fb, a, $b \in A_2$, определённые равенствами

$$(af) \circ x = a(f \circ x)$$
$$(fb) \circ x = (f \circ x)b$$

также являются линейными.

ДОКАЗАТЕЛЬСТВО. Утверждение теоремы следует из цепочек равенств

$$(af) \circ (x + y) = a(f \circ (x + y)) = a(f \circ x + f \circ y) = a(f \circ x) + a(f \circ y)$$
$$= (af) \circ x + (af) \circ y$$
$$(af) \circ (px) = a(f \circ (px)) = ap(f \circ x) = pa(f \circ x)$$
$$= p((af) \circ x)$$
$$(fb) \circ (x + y) = (f \circ (x + y))b = (f \circ x + f \circ y)\, b = (f \circ x)b + (f \circ y)b$$
$$= (fb) \circ x + (fb) \circ y$$
$$(fb) \circ (px) = (f \circ (px))b = p(f \circ x)b$$
$$= p((fb) \circ x)$$

$\square$

6.2. Алгебра $\mathcal{L}(D; A \to A)$

ТЕОРЕМА 6.2.1. *Пусть A, B, C - алгебры над коммутативным кольцом D. Пусть f - линейное отображение из D-алгебры A в D-алгебру B. Пусть*

g - линейное отображение из D-алгебры B в D-алгебру C. Отображение $g \circ f$, определённое диаграммой

(6.2.1)

является линейным отображением из D-алгебры A в D-алгебру C.

ДОКАЗАТЕЛЬСТВО. Доказательство теоремы следует из цепочек равенств

$$(g \circ f) \circ (a + b) = g \circ (f \circ (a + b)) = g \circ (f \circ a + f \circ b)$$
$$= g \circ (f \circ a) + g \circ (f \circ b) = (g \circ f) \circ a + (g \circ f) \circ b$$
$$(g \circ f) \circ (pa) = g \circ (f \circ (pa)) = g \circ (p\, f \circ a) = p\, g \circ (f \circ a)$$
$$= p\, (g \circ f) \circ a$$

$\square$

ТЕОРЕМА 6.2.2. *Пусть A, B, C - алгебры над коммутативным кольцом D. Пусть f - линейное отображение из D-алгебры A в D-алгебру B. Отображение f порождает линейное отображение*

(6.2.2) $$f^* : g \in \mathcal{L}(D; B \to C) \to g \circ f \in \mathcal{L}(D; A \to C)$$

(6.2.3)

ДОКАЗАТЕЛЬСТВО. Доказательство теоремы следует из цепочек равенств [6.1]

$$((g_1 + g_2) \circ f) \circ a = (g_1 + g_2) \circ (f \circ a) = g_1 \circ (f \circ a) + g_2 \circ (f \circ a)$$
$$= (g_1 \circ f) \circ a + (g_2 \circ f) \circ a$$
$$= (g_1 \circ f + g_2 \circ f) \circ a$$
$$((pg) \circ f) \circ a = (pg) \circ (f \circ a) = p\, g \circ (f \circ a) = p\, (g \circ f) \circ a$$
$$= (p(g \circ f)) \circ a$$

$\square$

[6.1]Мы пользуемся следующими определениями операций над отображениями

(6.2.4) $$(f + g) \circ a = f \circ a + g \circ a$$
(6.2.5) $$(pf) \circ a = p\, f \circ a$$

Теорема 6.2.3. *Пусть A, B, C - алгебры над коммутативным кольцом D. Пусть g - линейное отображение из D-алгебры B в D-алгебру C. Отображение g порождает линейное отображение*

$$(6.2.6) \qquad g_* : f \in \mathcal{L}(D; A \to B) \to g \circ f \in \mathcal{L}(D; A \to C)$$

$$(6.2.7)$$

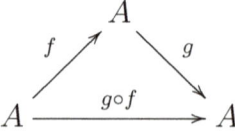

Доказательство. Доказательство теоремы следует из цепочек равенств [6.2]

$$(g \circ (f_1 + f_2)) \circ a = g \circ ((f_1 + f_2) \circ a) = g \circ (f_1 \circ a + f_2 \circ a)$$
$$= g \circ (f_1 \circ a) + g \circ (f_2 \circ a) = (g \circ f_1) \circ a + (g \circ f_2) \circ a$$
$$= (g \circ f_1 + g \circ f_2) \circ a$$
$$(g \circ (pf)) \circ a = g \circ ((pf) \circ a) = g \circ (p \, (f \circ a)) = p \, g \circ (f \circ a)$$
$$= p \, (g \circ f) \circ a = (p(g \circ f)) \circ a$$

$\square$

Теорема 6.2.4. *Пусть A, B, C - алгебры над коммутативным кольцом D. Отображение*

$$(6.2.10) \qquad \circ : (g, f) \in \mathcal{L}(D; B \to C) \times \mathcal{L}(D; A \to B) \to g \circ f \in \mathcal{L}(D; A \to C)$$

является билинейным отображением.

Доказательство. Теорема является следствием теорем 6.2.2, 6.2.3. $\square$

Теорема 6.2.5. *Пусть A - алгебра над коммутативным кольцом D. D-модуль $\mathcal{L}(D; A \to A)$, оснащённый произведением*

$$(6.2.11) \qquad \circ : (g, f) \in \mathcal{L}(D; A \to A) \times \mathcal{L}(D; A \to A) \to g \circ f \in \mathcal{L}(D; A \to A)$$

является алгеброй над D.

Доказательство. Теорема является следствием определения 5.1.1 и теоремы 6.2.4. $\square$

[6.2]Мы пользуемся следующими определениями операций над отображениями

$$(6.2.8) \qquad\qquad\qquad (f + g) \circ a = f \circ a + g \circ a$$
$$(6.2.9) \qquad\qquad\qquad (pf) \circ a = p \, f \circ a$$

6.3. Линейное отображение в ассоциативную алгебру

Теорема 6.3.1. *Рассмотрим D-алгебры A_1 и A_2. Для заданного отображения $f \in \mathcal{L}(D; A_1 \to A_2)$ отображение*

$$g : A_2 \times A_2 \to \mathcal{L}(D; A_1 \to A_2)$$

$$g(a, b) \circ f = afb$$

является билинейным отображением.

Доказательство. Утверждение теоремы следует из цепочек равенств

$$((a_1 + a_2)fb) \circ x = (a_1 + a_2) \ f \circ x \ b = a_1 \ f \circ x \ b + a_2 \ f \circ x \ b$$

$$= (a_1 fb) \circ x + (a_2 fb) \circ x = (a_1 fb + a_2 fb) \circ x$$

$$((pa)fb) \circ x = (pa) \ f \circ x \ b = p(a \ f \circ x \ b) = p((afb) \circ x) = (p(afb)) \circ x$$

$$(af(b_1 + b_2)) \circ x = a \ f \circ x \ (b_1 + b_2) = a \ f \circ x \ b_1 + a \ f \circ x \ b_2$$

$$= (afb_1) \circ x + (afb_2) \circ x = (afb_1 + afb_2) \circ x$$

$$(af(pb)) \circ x = a \ f \circ x \ (pb) = p(a \ f \circ x \ b) = p((afb) \circ x) = (p(afb)) \circ x$$

$\square$

Теорема 6.3.2. *Рассмотрим D-алгебры A_1 и A_2. Для заданного отображения $f \in \mathcal{L}(D; A_1 \to A_2)$ существует линейное отображение*

$$h : A_2 \otimes A_2 \to \mathcal{L}(D; A_1 \to A_2)$$

определённое равенством

(6.3.1) $$(a \otimes b) \circ f = afb$$

Доказательство. Утверждение теоремы является следствием теорем 4.5.4, 6.3.1. $\square$

Теорема 6.3.3. *Рассмотрим D-алгебры A_1 и A_2. Определим произведение в алгебре $A_2 \otimes A_2$ согласно правилу*

(6.3.2) $$(c \otimes d) \circ (a \otimes b) = (ca) \otimes (bd)$$

Линейное отображение

(6.3.3) $$h : A_2 \otimes A_2 \to {}^*\mathcal{L}(D; A_1 \to A_2)$$

определённое равенством

(6.3.4) $$(a \otimes b) \circ f = afb \quad a, b \in A_2 \quad f \in \mathcal{L}(D; A_1 \to A_2)$$

является представлением [6.3] алгебры $A_2 \otimes A_2$ в модуле $\mathcal{L}(D; A_1 \to A_2)$.

[6.3] Определение представления Ω-алгебры дано в определении [3]-2.1.2.

Доказательство. Согласно теореме 6.1.8, отображение (6.3.4) является преобразованием модуля $\mathcal{L}(D; A_1 \to A_2)$. Для данного тензора $c \in A_2 \otimes A_2$ преобразование $h(c)$ является линейным преобразованием модуля $\mathcal{L}(D; A_1 \to A_2)$, так как

$$
\begin{aligned}
((a \otimes b) \circ (f_1 + f_2)) \circ x &= (a(f_1 + f_2)b) \circ x = a((f_1 + f_2) \circ x)b \\
&= a(f_1 \circ x + f_2 \circ x)b = a(f_1 \circ x)b + a(f_2 \circ x)b \\
&= (af_1 b) \circ x + (af_2 b) \circ x \\
&= (a \otimes b) \circ f_1 \circ x + (a \otimes b) \circ f_2 \circ x \\
&= ((a \otimes b) \circ f_1 + (a \otimes b) \circ f_2) \circ x \\
((a \otimes b) \circ (pf)) \circ x &= (a(pf)b) \circ x = a((pf) \circ x)b \\
&= a(p\,f \circ x)b = pa(f \circ x)b \\
&= p\,(afb) \circ x = p\,((a \otimes b) \circ f) \circ x \\
&= (p((a \otimes b) \circ f)) \circ x
\end{aligned}
$$

Согласно теореме 6.3.2, отображение (6.3.4) является линейным отображением.

Пусть $f \in \mathcal{L}(D; A_1 \to A_2)$, $a \otimes b$, $c \otimes d \in A_2 \otimes A_2$. Согласно теореме 6.3.2

$$(a \otimes b) \circ f = afb \in \mathcal{L}(D; A_1 \to A_2)$$

Следовательно, согласно теореме 6.3.2

$$(c \otimes d) \circ ((a \otimes b) \circ f) = c(afb)d$$

Поскольку произведение в алгебре A_2 ассоциативно, то

$$(c \otimes d) \circ ((a \otimes b) \circ f) = c(afb)d = (ca)f(bd) = (ca \otimes bd) \circ f$$

Следовательно, если мы определим произведение в алгебре $A_2 \otimes A_2$ согласно равенству (6.3.2), то отображение (6.3.3) является морфизмом алгебр. Согласно определению [3]-2.1.2, отображение (6.3.4) является представлением алгебры $A_2 \otimes A_2$ в модуле $\mathcal{L}(D; A_1 \to A_2)$. $\qquad\square$

Теорема 6.3.4. *Рассмотрим D-алгебру A. Определим произведение в алгебре $A \otimes A$ согласно правилу* (6.3.2). *Представление*

(6.3.5) $$h : A \otimes A \to {}^* \mathcal{L}(D; A \to A)$$

алгебры $A \otimes A$ в модуле $\mathcal{L}(D; A \to A)$, определённое равенством

(6.3.6) $$(a \otimes b) \circ f = afb \quad a, b \in A \quad f \in \mathcal{L}(D; A \to A)$$

позволяет отождествить тензор $d \in A \otimes A$ с отображением $d \circ \delta \in \mathcal{L}(D; A \to A)$, где $\delta \in \mathcal{L}(D; A \to A)$ - тождественное отображение.

Доказательство. Согласно теореме 6.3.2, отображение $f \in \mathcal{L}(D; A \to A)$ и тензор $d \in A \otimes A$ порождают отображение

(6.3.7) $$x \to (d \circ f) \circ x$$

Если мы положим $f = \delta$, $d = a \otimes b$, то равенство (6.3.7) приобретает вид

(6.3.8) $\qquad ((a \otimes b) \circ \delta) \circ x = (a\delta b) \circ x = a\,(\delta \circ x)\,b = axb$

Если мы положим

(6.3.9) $\qquad ((a \otimes b) \circ \delta) \circ x = (a \otimes b) \circ (\delta \circ x) = (a \otimes b) \circ x$

то сравнение равенств (6.3.8) и (6.3.9) даёт основание отождествить действие тензора $a \otimes b$ с преобразованием $(a \otimes b) \circ \delta$. $\qquad \square$

Из теоремы 6.3.4 следует, что отображение (6.3.4) можно рассматривать как произведение отображений $a \otimes b$ и f. Тензор $a \in A_2 \otimes A_2$ **невырожден**, если существует тензор $b \in A_2 \otimes A_2$ такой, что $a \circ b = 1 \otimes 1$.

ОПРЕДЕЛЕНИЕ 6.3.5. *Рассмотрим* [6.4] *представление алгебры $A_2 \otimes A_2$ в модуле* $\mathcal{L}(D; A_1 \to A_2)$. **Орбитой линейного отображения** *$f \in \mathcal{L}(D; A_1 \to A_2)$ называется множество*

$$(A_2 \otimes A_2) \circ f = \{g = d \circ f : d \in A_2 \otimes A_2\}$$

$\qquad \square$

ТЕОРЕМА 6.3.6. *Рассмотрим D-алгебру A_1 и ассоциативную D-алгебру A_2. Рассмотрим представление алгебры $A_2 \otimes A_2$ в модуле $\mathcal{L}(D; A_1; A_2)$. Отображение*

$$h : A_1 \to A_2$$

порождённое отображением

$$f : A_1 \to A_2$$

имеет вид

(6.3.10) $\qquad h = (a_{s\cdot 0} \otimes a_{s\cdot 1}) \circ f = a_{s\cdot 0} f a_{s\cdot 1}$

ДОКАЗАТЕЛЬСТВО. Произвольный тензор $a \in A_2 \otimes A_2$ можно представить в виде

$$a = a_{s\cdot 0} \otimes a_{s\cdot 1}$$

Согласно теореме 6.3.3, отображение (6.3.4) линейно. Это доказывает утверждение теоремы. $\qquad \square$

ТЕОРЕМА 6.3.7. *Пусть A_2 - алгебра с единицей e. Пусть $a \in A_2 \otimes A_2$ - невырожденный тензор. Орбиты линейных отображений $f \in \mathcal{L}(D; A_1 \to A_2)$ и $g = a \circ f$ совпадают*

(6.3.11) $\qquad (A_2 \otimes A_2) \circ f = (A_2 \otimes A_2) \circ g$

[6.4]Определение дано по аналогии с определением [3]-3.1.8.

ДОКАЗАТЕЛЬСТВО. Если $h \in (A_2 \otimes A_2) \circ g$, то существует $b \in A_2 \otimes A_2$ такое, что $h = b \circ g$. Тогда

$$(6.3.12) \qquad h = b \circ (a \circ f) = (b \circ a) \circ f$$

Следовательно, $h \in (A_2 \otimes A_2) \circ f$,

$$(6.3.13) \qquad (A_2 \otimes A_2) \circ g \subset (A_2 \otimes A_2) \circ f$$

Так как a - невырожденный тензор, то

$$(6.3.14) \qquad f = a^{-1} \circ g$$

Если $h \in (A_2 \otimes A_2) \circ f$, то существует $b \in A_2 \otimes A_2$ такое, что

$$(6.3.15) \qquad h = b \circ f$$

Из равенств (6.3.14), (6.3.15), следует, что

$$h = b \circ (a^{-1} \circ g) = (b \circ a^{-1}) \circ g$$

Следовательно, $h \in (A_2 \otimes A_2) \circ g$,

$$(6.3.16) \qquad (A_2 \otimes A_2) \circ f \subset (A_2 \otimes A_2) \circ g$$

(6.3.11) следует из равенств (6.3.13), (6.3.16). $\qquad\qquad \square$

Из теоремы 6.3.7 также следует, что, если $g = a \circ f$ и $a \in A_2 \otimes A_2$ - вырожденный тензор, то отношение (6.3.13) верно. Однако основной результат теоремы 6.3.7 состоит в том, что представления алгебры $A_2 \otimes A_2$ в модуле $\mathcal{L}(D; A_1 \to A_2)$ порождает отношение эквивалентности в модуле $\mathcal{L}(D; A_1 \to A_2)$. Если удачно выбрать представители каждого класса эквивалентности, то полученное множество будет множеством образующих рассматриваемого представления.[6.5]

6.4. Линейное отображение в свободную конечно мерную ассоциативную алгебру

ТЕОРЕМА 6.4.1. *Пусть A_1 - свободный D-модуль. Пусть A_2 - свободная конечно мерная ассоциативная D-алгебра. Пусть $\overline{\overline{e}}$ - базис D-модуля A_2. Пусть $\overline{\overline{I}}$ - базис левого $A_2 \otimes A_2$-модуля $\mathcal{L}(D; A_1 \to A_2)$.*[6.6]

[6.5]Множество образующих представления определено в определении [3]-2.6.5.

[6.6] Если D-модуль A_1 или D-модуль A_2 не является свободным D-модулем, то мы будем рассматривать множество

$$\overline{\overline{I}} = \{I_k \in \mathcal{L}(D; A_1 \to A_2) : k = 1, ..., n\}$$

линейно независимых линейных отображений. Теорема верна для любого линейного отображения

$$f : A_1 \to A_2$$

порождённого множеством линейных отображений $\overline{\overline{I}}$.

6.4.1.1: *Отображение*

$$f : A_1 \to A_2$$

имеет следующее разложение

(6.4.1) $$f = f^k \circ I_k$$

where

$$f^k = f^k_{s_k \cdot 0} \otimes f^k_{s_k \cdot 1} \qquad f^k \in A_2 \otimes A_2$$

6.4.1.2: *Отображение f имеет стандартное представление*

(6.4.2) $$f = f^{k \cdot ij}(e_i \otimes e_j) \circ I_k = f^{k \cdot ij} e_i I_k e_j$$

ДОКАЗАТЕЛЬСТВО. Поскольку $\overline{\overline{I}}$ является базисом левого $A_2 \otimes A_2$-модуля $\mathcal{L}(D; A_1 \to A_2)$, то согласно определению [3]-2.7.1 и теореме 4.1.4, существует разложение

(6.4.3) $$f = f^k \circ I_k \qquad f^k \in A_2 \otimes A_2$$

линейного отображения f относительно базиса $\overline{\overline{I}}$. Согласно определению (3.3.20),

(6.4.4) $$f^k = f^k_{s_k \cdot 0} \otimes f^k_{s_k \cdot 1}$$

Равенство (6.4.1) является следствием равенств (6.4.3), (6.4.4). Согласно теореме 4.5.6, стандартное представление тензора f^k имеет вид

(6.4.5) $$f^k = f^{k \cdot ij} e_i \otimes e_j$$

Равенство (6.4.2) следует из равенств (6.4.1), (6.4.5). □

ТЕОРЕМА 6.4.2. *Пусть A_1 - свободный D-модуль. Пусть A_2 - свободная ассоциативная D-алгебра. Пусть $\overline{\overline{I}}$ - базис левого $A_2 \otimes A_2$-модуля $\mathcal{L}(D; A_1 \to A_2)$. Для любого отображения $I_k \in \overline{\overline{I}}$, существует множество линейных отображений*

$$I^l_k : A_1 \otimes A_1 \to A_2 \otimes A_2$$

D-модуля $A_1 \otimes A_1$ в D-модуль $A_2 \otimes A_2$ таких, что

(6.4.6) $$I_k \circ a \circ x = (I^l_k \circ a) \circ I_l \circ x$$

Отображение I^l_k называется **преобразованием сопряжения**.

ДОКАЗАТЕЛЬСТВО. Согласно теореме 6.2.1, для произвольного тензора $a \in A_1 \otimes A_1$, отображение

(6.4.7) $$x \to I_k \circ a \circ x$$

является линейным. Согласно утверждению 6.4.1.1, существует разложение

(6.4.8) $$I_k \circ a \circ x = b^l \circ I_l \circ x \qquad b^l \in A_2 \times A_2$$

Положим

(6.4.9) $$b^l = I^l_k \circ a$$

Равенство (6.4.6) является следствием равенств (6.4.8), (6.4.9). Из равенств

$$(I_k^l \circ (a_1 + a_2)) \circ I_l \circ x = I_k \circ (a_1 + a_2) \circ x$$
$$= I_k \circ a_1 \circ x + I_k \circ a_2 \circ x$$
$$= (I_k^l \circ a_1) \circ I_l \circ x + (I_k^l \circ a_1) \circ I_l \circ x$$

$$(I_k^l \circ (da)) \circ I_l \circ x = I_k \circ (da) \circ x = I_k \circ (d(a \circ x))$$
$$= d(I_k \circ a \circ x) = d((I_k^l \circ a) \circ I_l \circ x)$$
$$= (d(I_k^l \circ a)) \circ I_l \circ x$$

следует, что отображение I_k^l является линейным. $\square$

Теорема 6.4.3. *Пусть A_1 - свободный D-модуль. Пусть A_2, A_3 - свободные ассоциативные D-алгебры. Пусть $\overline{\overline{I}}$ - базис левого $A_2 \otimes A_2$-модуля $\mathcal{L}(D; A_1 \to A_2)$. Пусть $\overline{\overline{J}}$ - базис левого $A_3 \otimes A_3$-модуля $\mathcal{L}(D; A_2 \to A_3)$.*

6.4.3.1: *Множество отображений*

$$(6.4.10) \qquad \overline{\overline{K}} = \{K_{lk} : K_{lk} = J_l \circ I_k, J_l \in \overline{\overline{J}}, I_k \in \overline{\overline{I}}\}$$

является базисом левого $A_3 \otimes A_3$-модуля $\mathcal{L}(D; A_1 \to A_2 \to A_3)$.

6.4.3.2: *Пусть линейное отображение*

$$f : A_1 \to A_2$$

имеет разложение

$$(6.4.11) \qquad f = f^k \circ I_k$$

относительно базиса $\overline{\overline{I}}$. Пусть линейное отображение

$$g : A_2 \to A_3$$

имеет разложение

$$(6.4.12) \qquad g = g^l \circ J_l$$

относительно базиса $\overline{\overline{J}}$. Тогда линейное отображение

$$(6.4.13) \qquad h = g \circ f$$

имеет разложение

$$(6.4.14) \qquad h = h^{lk} \circ K_{lk}$$

относительно базиса $\overline{\overline{K}}$, где

$$(6.4.15) \qquad h^{lk} = g^l \circ (J_m^k \circ f^m)$$

Доказательство. Равенство

$$(6.4.16) \qquad h \circ a = g \circ f \circ a = g^l \circ J_l \circ f^k \circ I_k \circ a$$

является следствием равенств (6.4.11), (6.4.12), (6.4.13). Равенство

$$(6.4.17) \quad \begin{aligned} h \circ a = g \circ f \circ a &= g^l \circ (J_l^m \circ f^k) \circ J_m \circ I_k \circ a \\ &= g^l \circ (J_l^m \circ f^k) \circ K_{mk} \circ a \end{aligned}$$

является следствием равенств (6.4.10), (6.4.16) и теоремы 6.4.2. Из равенства (6.4.17) следует, что множество отображений $\overline{\overline{K}}$ порождает левый $A_3 \otimes A_3$-модуля $\mathcal{L}(D; A_1 \to A_2 \to A_3)$. Из равенства

$$a^{lk} K_{lk} = (a^{lk} \circ J_l) \circ I_k = 0$$

следует, что

$$a^{lk} \circ J_l = 0$$

и, следовательно, $a^{lk} = 0$. Следовательно, множество $\overline{\overline{K}}$ является базисом левого $A_3 \otimes A_3$-модуля $\quad \mathcal{L}(D; A_1 \to A_2 \to A_3)$. $\qquad \square$

Теорема 6.4.4. *Пусть A - свободная ассоциативная D-алгебра. Пусть левый $A \otimes A$-модуль $\quad \mathcal{L}(D; A \to A)$ порождён тождественным отображением $I_0 = \delta$. Пусть линейное отображение*

$$f : A \to A$$

имеет разложение

$$(6.4.18) \qquad f = f_{s \cdot 0} \otimes f_{s \cdot 1}$$

Пусть линейное отображение

$$g : A \to A$$

имеет разложение

$$(6.4.19) \qquad g = g_{t \cdot 0} \otimes g_{t \cdot 1}$$

Тогда линейное отображение

$$(6.4.20) \qquad h = g \circ f$$

имеет разложение

$$(6.4.21) \qquad h = h_{ts \cdot 0} \otimes h_{ts \cdot 1}$$

где

$$(6.4.22) \qquad \begin{aligned} h_{ts \cdot 0} &= g_{t \cdot 0} f_{s \cdot 0} \\ h_{ts \cdot 1} &= f_{s \cdot 1} g_{t \cdot 1} \end{aligned}$$

Доказательство. Равенство

$$(6.4.23) \qquad \begin{aligned} h \circ a &= g \circ f \circ a \\ &= (g_{t \cdot 0} \otimes g_{t \cdot 1}) \circ (f_{s \cdot 0} \otimes f_{s \cdot 1}) \circ a \\ &= (g_{t \cdot 0} \otimes g_{t \cdot 1}) \circ (f_{s \cdot 0} a f_{s \cdot 1}) \\ &= g_{t \cdot 0} f_{s \cdot 0} a f_{s \cdot 1} g_{t \cdot 1} \end{aligned}$$

является следствием равенств (6.4.18), (6.4.19), (6.4.20). Равенство (6.4.22) является следствием равенства (6.4.23). □

Теорема 6.4.5. *Пусть $\bar{\bar{e}}_1$ - базис свободного конечно мерного D-модуля A_1. Пусть $\bar{\bar{e}}_2$ - базис свободной конечно мерной ассоциативной D-алгебры A_2. Пусть C^p_{kl} - структурные константы алгебры A_2. Пусть $\bar{\bar{I}}$ - базис левого $A_2 \otimes A_2$-модуля $\mathcal{L}(D; A_1 \to A_2)$ и $I_{k \cdot i}^{\ \ j}$ - координаты отображения I_k относительно базисов $\bar{\bar{e}}_1$ и $\bar{\bar{e}}_2$. Координаты f_l^k отображения $f \in \mathcal{L}(D; A_1 \to A_2)$ и его стандартные компоненты $f^{k \cdot ij}$ связаны равенством*

$$(6.4.24) \qquad f_l^k = f^{k \cdot ij} I_{k \cdot l}^{\ \ m} C^p_{im} C^k_{pj}$$

Доказательство. Относительно базисов $\bar{\bar{e}}_1$ и $\bar{\bar{e}}_2$, линейные отображения f и I_k имеют вид

$$(6.4.25) \qquad f \circ x = f_j^i x^j e_{2 \cdot i}$$

$$(6.4.26) \qquad I_k \circ x = I_{k \cdot j}^{\ \ i} x^j e_{2 \cdot i}$$

Равенство

$$(6.4.27) \qquad \begin{aligned} f_l^k x^l e_{2 \cdot k} &= f^{k \cdot ij} e_{2 \cdot i} I_{k \cdot l}^{\ \ m} x^l e_{2 \cdot m} \bar{e}_{2 \cdot j} \\ &= f^{k \cdot ij} I_{k \cdot l}^{\ \ m} x^l C^p_{im} C^k_{pj} e_{2 \cdot k} \end{aligned}$$

является следствием равенств (6.4.2), (6.4.25), (6.4.26). Так как векторы $\bar{e}_{2 \cdot k}$ линейно независимы и x^i произвольны, то равенство (6.4.24) следует из равенства (6.4.27). □

Теорема 6.4.6. *Пусть D является полем. Пусть $\bar{\bar{e}}_1$ - базис свободной конечно мерной D-алгебры A_1. Пусть $\bar{\bar{e}}_2$ - базис свободной конечно мерной ассоциативной D-алгебры A_2. Пусть $C2.^p_{kl}$ - структурные константы алгебры A_2. Рассмотрим матрицу*

$$(6.4.28) \qquad \mathcal{B} = \left(\mathcal{C}^{\cdot k}_{m \cdot ij} \right) = \left(C2.^p_{im} C2.^k_{pj} \right)$$

строки которой пронумерованы индексом $^{\cdot k}_m$ и столбцы пронумерованы индексом $_{\cdot ij}$. Если матрица $\mathcal{B}$ невырождена, то для заданных координат линейного преобразования g_k^l и для отображения $f = \delta$, система линейных уравнений (6.4.24) относительно стандартных компонент этого преобразования g^{kr} имеет единственное решение.

Если матрица $\mathcal{B}$ вырождена, то условием существования решения системы линейных уравнений (6.4.24) является равенство

$$(6.4.29) \qquad \mathrm{rank} \left(\mathcal{C}^{\cdot k}_{m \cdot ij} \quad g_m^k \right) = \mathrm{rank} \, \mathcal{C}$$

В этом случае система линейных уравнений (6.4.24) имеет бесконечно много решений и существует линейная зависимость между величинами g_m^k.

Доказательство. Утверждение теоремы является следствием теории линейных уравнений над полем. □

ТЕОРЕМА 6.4.7. *Пусть A - свободная конечно мерная ассоциативная алгебра над полем D. Пусть $\overline{\overline{e}}$ - базис алгебры A над полем D. Пусть C_{kl}^p - структурные константы алгебры A. Пусть матрица* (6.4.28) *вырождена. Пусть линейное отображение $f \in \mathcal{L}(D; A \to A)$ невырождено. Если координаты линейных преобразований f и g удовлетворяют равенству*

$$(6.4.30) \qquad \operatorname{rank} \begin{pmatrix} \mathcal{C}_{m \cdot ij}^{\cdot k} & g_m^k & f_m^k \end{pmatrix} = \operatorname{rank} \mathcal{C}$$

то система линейных уравнений

$$(6.4.31) \qquad g_l^k = f_l^m g^{ij} C_{im}^p C_{pj}^k$$

имеет бесконечно много решений.

ДОКАЗАТЕЛЬСТВО. Согласно равенству (6.4.30) и теореме 6.4.6, система линейных уравнений

$$(6.4.32) \qquad f_l^k = f^{ij} C_{il}^p C_{pj}^k$$

имеет бесконечно много решений, соответствующих линейному отображению

$$(6.4.33) \qquad f = f^{ij} \overline{e}_i \otimes \overline{e}_j$$

Согласно равенству (6.4.30) и теореме 6.4.6, система линейных уравнений

$$(6.4.34) \qquad g_l^k = g^{ij} C_{il}^p C_{pj}^k$$

имеет бесконечно много решений, соответствующих линейному отображению

$$(6.4.35) \qquad g = g^{ij} \overline{e}_i \otimes \overline{e}_j$$

Отображения f и g порождены отображением δ. Согласно теореме 6.3.7, отображение f порождает отображение g. Это доказывает утверждение теоремы. □

ТЕОРЕМА 6.4.8. *Пусть A - свободная конечно мерная ассоциативная алгебра над полем D. Представление алгебры $A \otimes A$ в алгебре $\mathcal{L}(D; A \to A)$ имеет конечный* **базис** $\overline{\overline{I}}$.

6.4.8.1: *Линейное отображение $f \in \mathcal{L}(D; A \to A)$ имеет вид*

$$(6.4.36) \qquad f = (a_{k \cdot s_k \cdot 0} \otimes a_{k \cdot s_k \cdot 1}) \circ I_k = \sum_k a_{k \cdot s_k \cdot 0} I_k a_{k \cdot s_k \cdot 1}$$

6.4.8.2: *Его стандартное представление имеет вид*

$$(6.4.37) \qquad f = a^{k \cdot ij} (e_i \otimes e_j) \circ I_k = a^{k \cdot ij} e_i I_k e_j$$

ДОКАЗАТЕЛЬСТВО. Из теоремы 6.4.7 следует, что если матрица $\mathcal{B}$ вырождена и отображение f удовлетворяет равенству

$$(6.4.38) \qquad \operatorname{rank} \begin{pmatrix} \mathcal{C}_{m \cdot ij}^{\cdot k} & f_m^k \end{pmatrix} = \operatorname{rank} \mathcal{C}$$

то отображение f порождает то же самое множество отображений, что порождено отображением δ. Следовательно, для того, чтобы построить базис представления алгебры $A \otimes A$ в модуле $\mathcal{L}(D; A \to A)$, мы должны выполнить следующее построение.

Множество решений системы уравнений (6.4.31) порождает свободный подмодуль $\mathcal{L}$ модуля $\mathcal{L}(D; A \to A)$. Мы строим базис $(\overline{h}_1, ..., \overline{h}_k)$ подмодуля $\mathcal{L}$. Затем дополняем этот базис линейно независимыми векторами $\overline{h}_{k+1}$, ..., $\overline{h}_m$, которые не принадлежат подмодулю $\mathcal{L}$, таким образом, что множество векторов $\overline{h}_1$, ..., $\overline{h}_m$ является базисом модуля $\mathcal{L}(D; A \to A)$. Множество орбит $(A \otimes A) \circ \delta$, $(A \otimes A) \circ \overline{h}_{k+1}$, ..., $(A \otimes A) \circ \overline{h}_m$ порождает модуль $\mathcal{L}(D; A \to A)$. Поскольку множество орбит конечно, мы можем выбрать орбиты так, чтобы они не пересекались. Для каждой орбиты мы можем выбрать представитель, порождающий эту орбиту. $\square$

Пример 6.4.9. *Для поля комплексных чисел алгебра* $\mathcal{L}(R; C \to C)$ *имеет базис*

$$I_0 \circ z = z$$
$$I_1 \circ z = \overline{z}$$

Для алгебры кватернионов алгебра $\mathcal{L}(R; H \to H)$ *имеет базис*

$$I_0 \circ z = z$$

$\square$

6.5. Линейное отображение в неассоциативную алгебру

Так как произведение неассоциативно, мы можем предположить, что действие a, $b \in A$ на отображение f может быть представлено либо в виде $a(fb)$, либо в виде $(af)b$. Однако это предположение приводит нас к довольно сложной структуре линейного отображения. Чтобы лучше представить насколько сложна структура линейного отображения, мы начнём с рассмотрения левого и правого сдвигов в неассоциативной алгебре.

Теорема 6.5.1. *Пусть*

$$(6.5.1) \qquad\qquad l(a) \circ x = ax$$

отображение левого сдвига. Тогда

$$(6.5.2) \qquad\qquad l(a) \circ l(b) = l(ab) - (a, b)_1$$

где мы определили линейное отображение

$$(a, b)_1 \circ x = (a, b, x)$$

Доказательство. Из равенств (5.1.2), (6.5.1) следует

$$\begin{aligned}
(l(a) \circ l(b)) \circ x &= l(a) \circ (l(b) \circ x) \\
&= a(bx) = (ab)x - (a, b, x) \\
&= l(ab) \circ x - (a, b)_1 \circ x
\end{aligned}$$

(6.5.3)

Равенство (6.5.2) следует из равенства (6.5.3). □

Теорема 6.5.2. *Пусть*

(6.5.4) $$r(a) \circ x = xa$$

отображение правого сдвига. Тогда

(6.5.5) $$r(a) \circ r(b) = r(ba) + (b, a)_2$$

где мы определили линейное отображение

$$(b, a)_2 \circ x = (x, b, a)$$

Доказательство. Из равенств (5.1.2), (6.5.4) следует

$$\begin{aligned}
(r(a) \circ r(b)) \circ x &= r(a) \circ (r(b) \circ x) \\
&= (xb)a = x(ba) + (x, b, a) \\
&= r(ba) \circ x + (x, b, a)
\end{aligned}$$

(6.5.6)

Равенство (6.5.5) следует из равенства (6.5.6). □

Пусть

$$f : A \to A \quad f = (ax)b$$

линейное отображение алгебры A. Согласно теореме 6.1.8, отображение

$$g : A \to A \quad g = (cf)d$$

также линейное отображение. Однако неочевидно, можем ли мы записать отображение g в виде суммы слагаемых вида $(ax)b$ и $a(xb)$.

Если A - свободная конечно мерная алгебра, то мы можем предположить, что линейное отображение имеет стандартное представление в виде [6.7]

(6.5.8) $$f \circ x = f^{ij} \, (\overline{e}_i x) \overline{e}_j$$

В этом случае мы можем применить теорему 6.4.8 для отображений в неассоциативную алгебру.

[6.7] Выбор произволен. Мы можем рассмотреть стандартное представление в виде

$$f \circ x = f^{ij} \overline{e}_i (x \overline{e}_j)$$

Тогда равенство (6.5.11) имеет вид

(6.5.7) $$g_l^k = f_l^m g^{ij} C_{2 \cdot ip}^{\ \ k} C_{2 \cdot mj}^{\ \ p}$$

Я выбрал выражение (6.5.8) так как порядок сомножителей соответствует порядку, выбранному в теореме 6.4.8.

Теорема 6.5.3. *Пусть $\overline{\overline{e}}_1$ - базис свободной конечно мерной D-алгебры A_1. Пусть $\overline{\overline{e}}_2$ - базис свободной конечно мерной неассоциативной D-алгебры A_2. Пусть $C_{2 \cdot kl}^{\quad p}$ - структурные константы алгебры A_2. Пусть отображение*

$$(6.5.9) \qquad\qquad g = a \circ f$$

порождённое отображением $f \in \mathcal{L}(D; A_1 \to A_2)$ посредством тензора $a \in A_2 \otimes A_2$, имеет стандартное представление

$$(6.5.10) \qquad g = a^{ij}(\overline{e}_i \otimes \overline{e}_j) \circ f = a^{ij}(\overline{e}_i f)\overline{e}_j$$

Координаты отображения (6.5.9) и его стандартные компоненты связаны равенством

$$(6.5.11) \qquad\qquad g_l^k = f_l^m g^{ij} C_{2 \cdot im}^{\quad p} C_{2 \cdot pj}^{\quad k}$$

Доказательство. Относительно базисов $\overline{\overline{e}}_1$ и $\overline{\overline{e}}_2$, линейные отображения f и g имеют вид

$$(6.5.12) \qquad\qquad f \circ x = f_j^i x^j \overline{e}_{2 \cdot i}$$

$$(6.5.13) \qquad\qquad g \circ x = g_j^i x^j \overline{e}_{2 \cdot i}$$

Из равенств (6.5.12), (6.5.13), (6.5.10) следует

$$(6.5.14) \quad \begin{aligned} g_l^k x^l \overline{e}_{2 \cdot k} &= a^{ij}(\overline{e}_{2 \cdot i}(f_l^m x^l \overline{e}_{2 \cdot m}))\overline{e}_{2 \cdot j} \\ &= a^{ij} f_l^m x^l C_{2 \cdot im}^{\quad p} C_{2 \cdot pj}^{\quad k} \overline{e}_{2 \cdot k} \end{aligned}$$

Так как векторы $\overline{e}_{2 \cdot k}$ линейно независимы и x^i произвольны, то равенство (6.5.11) следует из равенства (6.5.14). $\qquad\qquad\square$

Теорема 6.5.4. *Пусть A - свободная конечно мерная неассоциативная алгебра над кольцом D. Представление алгебры $A \otimes A$ в алгебре $\mathcal{L}(D; A \to A)$ имеет конечный базис $\overline{\overline{I}}$.*

(1) *Линейное отображение $f \in \mathcal{L}(D; A \to A)$ имеет вид*

$$(6.5.15) \qquad f = (a_{k \cdot s_k \cdot 0} \otimes a_{k \cdot s_k \cdot 1}) \circ I_k = (a_{k \cdot s_k \cdot 0} I_k) a_{k \cdot s_k \cdot 1}$$

(2) *Его стандартное представление имеет вид*

$$(6.5.16) \qquad f = a^{k \cdot ij}(\overline{e}_i \otimes \overline{e}_j) \circ I_k = a^{k \cdot ij}(\overline{e}_i I_k)\overline{e}_j$$

Доказательство. Рассмотрим матрицу (6.4.28). Если матрица $\mathcal{B}$ невырождена, то для заданных координат линейного преобразования g_k^l и для отображения $f = \delta$, система линейных уравнений (6.5.11) относительно стандартных компонент этого преобразования g^{kr} имеет единственное решение. Если матрица $\mathcal{B}$ вырождена, то согласно теореме 6.4.8 существует конечный базис $\overline{\overline{I}}$, порождающий множество линейных отображений. $\qquad\square$

В отличие от случая ассоциативной алгебры множество генераторов I в теореме 6.5.4 не является минимальным. Из равенства (6.5.2) следует, что неверно равенство ($6.3.12$). Следовательно, орбиты отображений I_k не порождают отношения эквивалентности в алгебре $L(A; A)$. Так как мы рассматриваем только отображения вида $(aI_k)b$, то возможно, что при $k \neq l$ отображение I_k порождает отображение I_l, если рассмотреть все возможные операции в алгебре A. Поэтому множество образующих I_k неассоциативной алгебры A не играет такой критической роли как отображение сопряжения в поле комплексных чисел. Ответ на вопрос насколько важно отображение I_k в неассоциативной алгебре требует дополнительного исследования.

6.6. Полилинейное отображение в ассоциативную алгебру

Теорема 6.6.1. *Пусть A_1, ..., A_n, A - ассоциативные D-алгебры. Пусть*

$$f_i \in \mathcal{L}(D; A_i \to A) \quad i = 1, ..., n$$

$$a_j \in A \quad j = 0, ..., n$$

Для заданной перестановки σ n переменных отображение

$$((a_0, ..., a_n, \sigma) \circ (f_1, ..., f_n)) \circ (x_1, ..., x_n)$$

(6.6.1)
$$= (a_0\sigma(f_1)a_1...a_{n-1}\sigma(f_n)a_n) \circ (x_1, ..., x_n)$$

$$= a_0\sigma(f_1 \circ x_1)a_1...a_{n-1}\sigma(f_n \circ x_n)a_n$$

является n-линейным отображением в алгебру A.

Доказательство. Утверждение теоремы следует из цепочек равенств

$$((a_0, ..., a_n, \sigma) \circ (f_1, ..., f_n)) \circ (x_1, ..., x_i + y_i, ..., x_n)$$
$$= a_0\sigma(f_1 \circ x_1)a_1...\sigma(f_i \circ (x_i + y_i))...a_{n-1}\sigma(f_n \circ x_n)a_n$$
$$= a_0\sigma(f_1 \circ x_1)a_1...\sigma(f_i \circ x_i + f_i \circ y_i)...a_{n-1}\sigma(f_n \circ x_n)a_n$$
$$= a_0\sigma(f_1 \circ x_1)a_1...\sigma(f_i \circ x_i)...a_{n-1}\sigma(f_n \circ x_n)a_n$$
$$+ a_0\sigma(f_1 \circ x_1)a_1...\sigma(f_i \circ y_i)...a_{n-1}\sigma(f_n \circ x_n)a_n$$
$$= ((a_0, ..., a_n, \sigma) \circ (f_1, ..., f_n)) \circ (x_1, ..., x_i, ..., x_n)$$
$$+ ((a_0, ..., a_n, \sigma) \circ (f_1, ..., f_n)) \circ (x_1, ..., y_i, ..., x_n)$$

$$((a_0, ..., a_n, \sigma) \circ (f_1, ..., f_n)) \circ (x_1, ..., px_i, ..., x_n)$$
$$= a_0\sigma(f_1 \circ x_1)a_1...\sigma(f_i \circ (px_i))...a_{n-1}\sigma(f_n \circ x_n)a_n$$
$$= a_0\sigma(f_1 \circ x_1)a_1...\sigma(p(f_i \circ x_i))...a_{n-1}\sigma(f_n \circ x_n)a_n$$
$$= p(a_0\sigma(f_1 \circ x_1)a_1...\sigma(f_i \circ x_i)...a_{n-1}\sigma(f_n \circ x_n)a_n)$$
$$= p(((a_0, ..., a_n, \sigma) \circ (f_1, ..., f_n)) \circ (x_1, ..., x_i, ..., x_n))$$

$\square$

В равенстве (6.6.1), также как и в других выражениях полилинейного отображения, принято соглашение, что отображение f_i имеет своим аргументом переменную x_i.

ТЕОРЕМА 6.6.2. *Пусть* A_1, ..., A_n, A - *ассоциативные* D-*алгебры. Для заданного семейства отображений*

$$f_i \in \mathcal{L}(D; A_i \to A) \quad i = 1, ..., n$$

отображение

$$h : A^{n+1} \to \mathcal{L}(D; A_1 \times ... \times A_n \to A)$$

определённое равенством

$$(a_0, ..., a_n, \sigma) \circ (f_1, ..., f_n) = a_0 \sigma(f_1) a_1 ... a_{n-1} \sigma(f_n) a_n$$

является $n+1$-*линейным отображением в* D-*модуль* $\mathcal{L}(D; A_1 \times ... \times A_n \to A)$.

ДОКАЗАТЕЛЬСТВО. Утверждение теоремы следует из цепочек равенств

$$((a_0, ..., a_i + b_i, ...a_n, \sigma) \circ (f_1, ..., f_n)) \circ (x_1, ..., x_n)$$
$$= a_0 \sigma(f_1 \circ x_1) a_1 ... (a_i + b_i) ... a_{n-1} \sigma(f_n \circ x_n) a_n$$
$$= a_0 \sigma(f_1 \circ x_1) a_1 ... a_i ... a_{n-1} \sigma(f_n \circ x_n) a_n + a_0 \sigma(f_1 \circ x_1) a_1 ... b_i ... a_{n-1} \sigma(f_n \circ x_n) a_n$$
$$= ((a_0, ..., a_i, ..., a_n, \sigma) \circ (f_1, ..., f_n)) \circ (x_1, ..., x_n)$$
$$+ ((a_0, ..., b_i, ..., a_n, \sigma) \circ (f_1, ..., f_n)) \circ (x_1, ..., x_n)$$
$$= ((a_0, ..., a_i, ..., a_n, \sigma) \circ (f_1, ..., f_n) + (a_0, ..., b_i, ..., a_n, \sigma) \circ (f_1, ..., f_n)) \circ (x_1, ..., x_n)$$

$$((a_0, ..., pa_i, ...a_n, \sigma) \circ (f_1, ..., f_n)) \circ (x_1, ..., x_n)$$
$$= a_0 \sigma(f_1 \circ x_1) a_1 ... pa_i ... a_{n-1} \sigma(f_n \circ x_n) a_n$$
$$= p(a_0 \sigma(f_1 \circ x_1) a_1 ... a_i ... a_{n-1} \sigma(f_n \circ x_n) a_n)$$
$$= p(((a_0, ..., a_i, ..., a_n, \sigma) \circ (f_1, ..., f_n)) \circ (x_1, ..., x_n))$$
$$= (p((a_0, ..., a_i, ..., a_n, \sigma) \circ (f_1, ..., f_n))) \circ (x_1, ..., x_n)$$

□

ТЕОРЕМА 6.6.3. *Пусть* A_1, ..., A_n, A - *ассоциативные* D-*алгебры. Для заданного семейства отображений*

$$f_i \in \mathcal{L}(D; A_i \to A) \quad i = 1, ..., n$$

существует линейное отображение

$$h : A^{\otimes n+1} \times S_n \to \mathcal{L}(D; A_1 \times ... \times A_n \to A)$$

определённое равенством

(6.6.2)
$$(a_0 \otimes ... \otimes a_n, \sigma) \circ (f_1, ..., f_n) = (a_0, ..., a_n, \sigma) \circ (f_1, ..., f_n)$$
$$= a_0 \sigma(f_1) a_1 ... a_{n-1} \sigma(f_n) a_n$$

Доказательство. Утверждение теоремы является следствием теорем 4.5.4, 6.6.2. □

Теорема 6.6.4. *Пусть A_1, ..., A_n, A - ассоциативные D-алгебры. Для заданного тензора $a \in A^{\otimes n+1}$ и заданной перестановки $\sigma \in S_n$ отображение*

$$h : \prod_{i=1}^{n} \mathcal{L}(D; A_i \to A) \to \mathcal{L}(D; A_1 \times ... \times A_n \to A)$$

определённое равенством

$$(a_0 \otimes ... \otimes a_n, \sigma) \circ (f_1, ..., f_n) = a_0\sigma(f_1)a_1...a_{n-1}\sigma(f_n)a_n$$

является n-линейным отображением в D-модуль $\mathcal{L}(D; A_1 \times ... \times A_n \to A)$.

Доказательство. Утверждение теоремы следует из цепочек равенств

$$((a_0 \otimes ... \otimes a_n, \sigma) \circ (f_1, ..., f_i + g_i, ..., f_n)) \circ (x_1, ..., x_n)$$
$$= (a_0\sigma(f_1)a_1...\sigma(f_i + g_i)...a_{n-1}\sigma(f_n)a_n) \circ (x_1, ..., x_n)$$
$$= a_0\sigma(f_1 \circ x_1)a_1...\sigma((f_i + g_i) \circ x_i)...a_{n-1}\sigma(f_n \circ x_n)a_n$$
$$= a_0\sigma(f_1 \circ x_1)a_1...\sigma(f_i \circ x_i + g_i \circ x_i)...a_{n-1}\sigma(f_n \circ x_n)a_n$$
$$= a_0\sigma(f_1 \circ x_1)a_1...\sigma(f_i \circ x_i)...a_{n-1}\sigma(f_n \circ x_n)a_n$$
$$+ a_0\sigma(f_1 \circ x_1)a_1...\sigma(g_i \circ x_i)...a_{n-1}\sigma(f_n \circ x_n)a_n$$
$$= (a_0\sigma(f_1)a_1...\sigma(f_i)...a_{n-1}\sigma(f_n)a_n) \circ (x_1, ..., x_n)$$
$$+ (a_0\sigma(f_1)a_1...\sigma(g_i)...a_{n-1}\sigma(f_n)a_n) \circ (x_1, ..., x_n)$$
$$= ((a_0 \otimes ... \otimes a_n, \sigma) \circ (f_1, ..., f_i, ..., f_n)) \circ (x_1, ..., x_n)$$
$$+ ((a_0 \otimes ... \otimes a_n, \sigma) \circ (f_1, ..., g_i, ..., f_n)) \circ (x_1, ..., x_n)$$
$$= ((a_0 \otimes ... \otimes a_n, \sigma) \circ (f_1, ..., f_i, ..., f_n)$$
$$+ (a_0 \otimes ... \otimes a_n, \sigma) \circ (f_1, ..., g_i, ..., f_n)) \circ (x_1, ..., x_n)$$

$$((a_0 \otimes ... \otimes a_n, \sigma) \circ (f_1, ..., pf_i, ..., f_n)) \circ (x_1, ..., x_n)$$
$$= (a_0\sigma(f_1)a_1, ...\sigma(pf_i)...a_{n-1}\sigma(f_n)a_n) \circ (x_1, ..., x_n)$$
$$= a_0\sigma(f_1 \circ x_1)a_1, ...\sigma((pf_i) \circ x_i)...a_{n-1}\sigma(f_n \circ x_n)a_n$$
$$= a_0\sigma(f_1 \circ x_1)a_1, ...\sigma(p(f_i \circ x_i))...a_{n-1}\sigma(f_n \circ x_n)a_n$$
$$= p(a_0\sigma(f_1 \circ x_1)a_1, ...\sigma(f_i \circ x_i)...a_{n-1}\sigma(f_n \circ x_n)a_n)$$
$$= p(((a_0 \otimes ... \otimes a_n, \sigma) \circ (f_1, ..., f_i, ..., f_n)) \circ (x_1, ..., x_n))$$
$$= (p((a_0 \otimes ... \otimes a_n, \sigma) \circ (f_1, ..., f_i, ..., f_n))) \circ (x_1, ..., x_n)$$

□

Теорема 6.6.5. *Пусть A_1, ..., A_n, A - ассоциативные D-алгебры. Для заданного тензора $a \in A^{\otimes n+1}$ и заданной перестановки $\sigma \in S_n$ существует линейное отображение*

$$h : \mathcal{L}(D; A_1 \to A) \otimes ... \otimes \mathcal{L}(D; A_n \to A) \to \mathcal{L}(D; A_1 \times ... \times A_n \to A)$$

определённое равенством

$$(6.6.3) \qquad (a_0 \otimes ... \otimes a_n, \sigma) \circ (f_1 \otimes ... \otimes f_n) = (a_0 \otimes ... \otimes a_n, \sigma) \circ (f_1, ..., f_n)$$

Доказательство. Утверждение теоремы является следствием теорем 4.5.4, 6.6.4. $\qquad\qquad\qquad\qquad\qquad\qquad\qquad\qquad\qquad\qquad\qquad\qquad\square$

Теорема 6.6.6. *Пусть A - ассоциативная D-алгебра. Полилинейное отображение*

$$(6.6.4) \qquad\qquad f : A^n \to A, a = f \circ (a_1, ..., a_n)$$

порождённое отображениями $I_{s\cdot 1}$, ..., $I_{s\cdot n} \in \mathcal{L}(D; A \to A)$, имеет вид

$$(6.6.5) \qquad a = f_{s\cdot 0}^n \ \sigma_s(I_{s\cdot 1} \circ a_1) \ f_{s\cdot 1}^n \ ... \ \sigma_s(I_{s\cdot n} \circ a_n) \ f_{s\cdot n}^n$$

где σ_s - перестановка множества переменных $\{a_1, ..., a_n\}$

$$\sigma_s = \begin{pmatrix} a_1 & ... & a_n \\ \sigma_s(a_1) & ... & \sigma_s(a_n) \end{pmatrix}$$

Доказательство. Мы докажем утверждение индукцией по n.

При $n = 1$ доказываемое утверждение является следствием утверждения 6.4.8.1. При этом мы можем отождествить [6.8]

$$f_{s\cdot p}^1 = f_{s\cdot p} \quad p = 0, 1$$

Допустим, что утверждение теоремы справедливо при $n = k - 1$. Тогда отображение (6.6.4) можно представить в виде

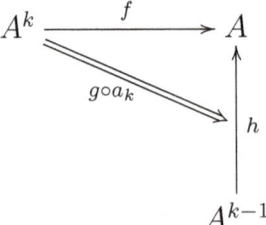

$$a = f \circ (a_1, ..., a_k) = (g \circ a_k) \circ (a_1, ..., a_{k-1})$$

Согласно предположению индукции полилинейное отображение h имеет вид

$$a = h_{t\cdot 0}^{k-1} \ \sigma_t(I_{1\cdot t} \circ a_1) \ h_{t\cdot 1}^{k-1} \ ... \ \sigma_t(I_{k-1\cdot t} \circ a_{k-1}) \ h_{t\cdot k-1}^{k-1}$$

Согласно построению $h = g \circ a_k$. Следовательно, выражения $h_{t\cdot p}$ являются функциями a_k. Поскольку $g \circ a_k$ - линейная функция a_k, то только одно

[6.8]В представлении (6.6.5) мы будем пользоваться следующими правилами.

- Если область значений какого-либо индекса - это множество, состоящее из одного элемента, мы будем опускать соответствующий индекс.
- Если $n = 1$, то σ_s - тождественное преобразование. Это преобразование можно не указывать в выражении.

выражение $h_{t.p}$ является линейной функцией переменной a_k, и остальные выражения $h_{t.q}$ не зависят от a_k.

Не нарушая общности, положим $p = 0$. Согласно равенству (6.3.10) для заданного t

$$h_{t.0}^{k-1} = g_{tr.0}\ I_{k\cdot r} \circ a_k\ g_{tr\cdot 1}$$

Положим $s = tr$ и определим перестановку σ_s согласно правилу

$$\sigma_s = \sigma_{tr} = \begin{pmatrix} a_k & a_1 & ... & a_{k-1} \\ a_k & \sigma_t(a_1) & ... & \sigma_t(a_{k-1}) \end{pmatrix}$$

Положим

$$f_{tr\cdot q+1}^k = h_{t\cdot q}^{k-1} \quad q = 1, ..., k-1$$

$$f_{tr\cdot q}^k = g_{tr\cdot q} \qquad q = 0, 1$$

Мы доказали шаг индукции.   □

Определение 6.6.7. *Выражение* $fs \cdot p^n$ *в равенстве* (6.6.5) *называется* **компонентой полилинейного отображения** f.   □

Теорема 6.6.8. *Рассмотрим D-алгебру A. Линейное отображение*

$$h : A^{\otimes n+1} \times S_n \to {}^*\mathcal{L}(D; A^n \to A)$$

определённое равенством

(6.6.6)
$$(a_0 \otimes ... \otimes a_n, \sigma) \circ (f_1 \otimes ... \otimes f_n) = a_0\sigma(f_1)a_1...a_{n-1}\sigma(f_n)a_n$$

$$a_0, ..., a_n \in A \quad \sigma \in S_n \quad f_1, ..., f_n \in \mathcal{L}(D; A_n \to A)$$

является представлением [6.9] *алгебры* $A^{\otimes n+1} \times S^n$ *в D-модуле* $\mathcal{L}(D; A^n \to A)$.

Доказательство. Согласно теоремам 6.4.8, 6.6.6, n-линейное отображение можно представить в виде суммы слагаемых (6.6.1), где f_i, $i = 1, ..., n$, генераторы представления (6.3.3). Запишем слагаемое s выражения (6.6.5) в виде

(6.6.7) $b_1\sigma(I_{1\cdot s} \circ x_1)c_1b_2...c_{n-1}b_n\sigma(I_{n\cdot s} \circ x_n)c_n$

где

$$b_1 = f_{s\cdot 0}^n \quad b_2 = ... = b_n = e \quad c_1 = f_{s\cdot 1}^n \quad ... \quad c_n = f_{s\cdot n}^n$$

Положим в равенстве (6.6.7)

$$f_i = \sigma^{-1}(b_i)I_{i\cdot s}\sigma^{-1}(c_i) \quad i = 1, ..., n$$

[6.9]Определение представления Ω-алгебры дано в определении [3]-2.1.2.

Следовательно, согласно теореме 6.6.3, отображение (6.6.6) является преобразованием модуля $\mathcal{L}(D; A^n \to A)$. Для данного тензора $c \in A^{\otimes n+1}$ и заданной перестановки $\sigma \in S_n$, преобразование $h(c, \sigma)$ является линейным преобразованием модуля $\mathcal{L}(D; A^n \to A)$ согласно теореме 6.6.5. Согласно теореме 6.6.3, отображение (6.6.6) является линейным отображением. Согласно определению [3]-2.1.2, отображение (6.6.6) является представлением алгебры $A^{\otimes n+1} \times S^n$ в модуле $\mathcal{L}(D; A^n \to A)$. $\qquad\square$

ТЕОРЕМА 6.6.9. *Рассмотрим D-алгебру A. Представление*

$$h : A^{\otimes n+1} \times S_n \to {}^*\mathcal{L}(D; A^n \to A)$$

алгебры $A^{\otimes n+1}$ в модуле $\mathcal{L}(D; A^n \to A)$, определённое равенством (6.6.6) позволяет отождествить тензор $d \in A^{\otimes n+1}$ и перестановку $\sigma \in S^n$ с отображением

$$(6.6.8) \qquad (d, \sigma) \circ (f_1, ..., f_n) \quad f_i = \delta \in \mathcal{L}(D; A \to A)$$

где $\delta \in \mathcal{L}(D; A \to A)$ - тождественное отображение.

ДОКАЗАТЕЛЬСТВО. Если в равенстве (6.6.2) мы положим $f_i = \delta$, $d = a_0 \otimes ... \otimes a_n$, то равенство (6.6.2) приобретает вид

$$(6.6.9) \qquad \begin{aligned} ((a_0 \otimes ... \otimes a_n, \sigma) \circ (\delta, ..., \delta)) \circ (x_1, ..., x_n) &= a_0 \, (\delta \circ x_1) \, ... \, (\delta \circ x_n) \, a_n \\ &= a_0 \, x_1 \, ... \, x_n \, a_n \end{aligned}$$

Если мы положим

$$(6.6.10) \qquad \begin{aligned} &((a_0 \otimes ... \otimes a_n, \sigma) \circ (\delta, ..., \delta)) \circ (x_1, ..., x_n) \\ &= (a_0 \otimes ... \otimes a_n, \sigma) \circ (\delta \circ x_1, ..., \delta \circ x_n) \\ &= (a_0 \otimes ... \otimes a_n, \sigma) \circ (x_1, ..., x_n) \end{aligned}$$

то сравнение равенств (6.6.9) и (6.6.10) даёт основание отождествить действие тензора $d = a_0 \otimes ... \otimes a_n$ и перестановки $\sigma \in S^n$ с отображением (6.6.8). $\qquad\square$

Вместо записи $(a_0 \otimes ... a_n, \sigma)$ мы также будем пользоваться записью

$$a_0 \otimes_{\sigma(1)} ... \otimes_{\sigma(n)} a_n$$

если мы хотим явно указать какой аргумент становится на соответствующее место. Например, следующие выражения эквивалентны

$$(a_0 \otimes a_1 \otimes a_2 \otimes a_3, (2, 1, 3)) \circ (x_1, x_2, x_3) = a_0 x_2 a_1 x_1 a_2 x_3 a_3$$

$$(a_0 \otimes_2 a_1 \otimes_1 a_2 \otimes_3 a_3) \circ (x_1, x_2, x_3) = a_0 x_2 a_1 x_1 a_2 x_3 a_3$$

6.7. Полилинейное отображение в свободную конечно мерную ассоциативную алгебру

Теорема 6.7.1. *Пусть A - свободная конечно мерная ассоциативная алгебра над кольцом D. Пусть $\overline{\overline{I}}$ - базис алгебры $\mathcal{L}(D; A \to A)$. Пусть $\overline{\overline{e}}$ - базис алгебры A над кольцом D.* **Стандартное представление полилинейного отображения** *в ассоциативную алгебру имеет вид*

$$(6.7.1) \qquad f \circ (a_1, ..., a_n) = f_{t \cdot k_1 ... k_n}^{i_0 ... i_n} \, \overline{e}_{i_0} \, \sigma_t(I_{k_1} \circ a_1) \, \overline{e}_{i_1} \, ... \, \sigma_t(I_{k_n} \circ a_n) \, \overline{e}_{i_n}$$

Индекс t нумерует всевозможные перестановки σ_t множества переменных $\{a_1, ..., a_n\}$. Выражение $f_{t \cdot k_1 ... k_n}^{i_0 ... i_n}$ в равенстве $(6.7.1)$ называется **стандартной компонентой полилинейного отображения** *f.*

Доказательство. Мы изменим индекс s в равенстве $(6.6.5)$ таким образом, чтобы сгруппировать слагаемые с одинаковым набором генераторов I_k. Выражение $(6.6.5)$ примет вид

$$(6.7.2) \qquad a = f_{k_1 ... k_n \cdot s \cdot 0}^n \, \sigma_s(I_{k_1 \cdot s} \circ a_1) \, f_{k_1 ... k_n \cdot s \cdot 1}^n \, ... \, \sigma_s(I_{k_n \cdot s} \circ a_n) \, f_{k_1 ... k_n \cdot s \cdot n}^n$$

Мы предполагаем, что индекс s принимает значения, зависящие от $k_1, ..., k_n$. Компоненты полилинейного отображения f имеют разложение

$$(6.7.3) \qquad f_{k_1 ... k_n \cdot s \cdot p}^n = \overline{e}_i f_{k_1 ... k_n \cdot s \cdot p}^{ni}$$

относительно базиса $\overline{\overline{e}}$. Если мы подставим $(6.7.3)$ в $(6.6.5)$, мы получим

$$(6.7.4) \quad a = f_{k_1 ... k_n \cdot s \cdot 0}^{nj_1} \, \overline{e}_{j_1} \, \sigma_s(I_{k_1} \circ a_1) \, f_{k_1 ... k_n \cdot s \cdot 1}^{nj_2} \, \overline{e}_{j_2} \, ... \, \sigma_s(I_{k_n} \circ a_n) \, f_{k_1 ... k_n \cdot s \cdot n}^{nj_n} \, \overline{e}_{j_n}$$

Рассмотрим выражение

$$(6.7.5) \qquad f_{t \cdot k_1 ... k_n}^{j_0 ... j_n} = f_{k_1 ... k_n \cdot s \cdot 0}^{nj_1} \, ... f_{k_1 ... k_n \cdot s \cdot n}^{nj_n}$$

В правой части подразумевается сумма тех слагаемых с индексом s, для которых перестановка σ_s совпадает. Каждая такая сумма будет иметь уникальный индекс t. Подставив в равенство $(6.7.4)$ выражение $(6.7.5)$ мы получим равенство $(6.7.1)$. $\qquad\qquad\square$

Теорема 6.7.2. *Пусть A - свободная конечно мерная ассоциативная алгебра над кольцом D. Пусть $\overline{\overline{e}}$ - базис алгебры A над кольцом D. Полилинейное отображение $(6.6.4)$ можно представить в виде D-значной формы степени n над кольцом D* [6.10]

$$(6.7.6) \qquad f(a_1, ..., a_n) = a_1^{i_1} ... a_n^{i_n} f_{i_1 ... i_n}$$

где

$$(6.7.7) \qquad \begin{aligned} a_j &= \overline{e}_i a_j^i \\ f_{i_1 ... i_n} &= f \circ (\overline{e}_{i_1}, ..., \overline{e}_{i_n}) \end{aligned}$$

[6.10]Теорема доказана по аналогии с теоремой в [2], с. 107, 108

Доказательство. Согласно определению 6.1.2 равенство (6.7.6) следует из цепочки равенств

$$f \circ (a_1, ..., a_n) = f \circ (\overline{e}_{i_1} a_1^{i_1}, ..., \overline{e}_{i_n} a_n^{i_n}) = a_1^{i_1}...a_n^{i_n} f \circ (\overline{e}_{i_1}, ..., \overline{e}_{i_n})$$

Пусть $\overline{\overline{e}}'$ - другой базис. Пусть

(6.7.8) $$\overline{e}'_i = \overline{e}_j h_i^j$$

преобразование, отображающее базис $\overline{\overline{e}}$ в базис $\overline{\overline{e}}'$. Из равенств (6.7.8) и (6.7.7) следует

(6.7.9)
$$\begin{aligned}
f'_{i_1...i_n} &= f \circ (\overline{e}'_{i_1}, ..., \overline{e}'_{i_n}) \\
&= f \circ (\overline{e}_{j_1} h_{i_1}^{j_1}, ..., \overline{e}'_{j_n} h_{i_n}^{j_n}) \\
&= h_{i_1}^{j_1}...h_{i_n}^{j_n} f \circ (\overline{e}_{j_1}, ..., \overline{e}_{j_n}) \\
&= h_{i_1}^{j_1}...h_{i_n}^{j_n} f_{j_1...j_n}
\end{aligned}$$

$\square$

Полилинейное отображение (6.6.4) **симметрично**, если

$$f \circ (a_1, ..., a_n) = f \circ (\sigma(a_1), ..., \sigma(a_n))$$

для любой перестановки σ множества $\{a_1, ..., a_n\}$.

Теорема 6.7.3. *Если полилинейное отображение f симметрично, то*

(6.7.10) $$f_{i_1,...,i_n} = f_{\sigma(i_1),...,\sigma(i_n)}$$

Доказательство. Равенство (6.7.10) следует из равенства

$$\begin{aligned}
a_1^{i_1}...a_n^{i_n} f_{i_1...i_n} &= f \circ (a_1, ..., a_n) \\
&= f \circ (\sigma(a_1), ..., \sigma(a_n)) \\
&= a_1^{i_1}...a_n^{i_n} f_{\sigma(i_1)...\sigma(i_n)}
\end{aligned}$$

$\square$

Полилинейное отображение (6.6.4) **косо симметрично**, если

$$f \circ (a_1, ..., a_n) = |\sigma| f \circ (\sigma(a_1), ..., \sigma(a_n))$$

для любой перестановки σ множества $\{a_1, ..., a_n\}$. Здесь

$$|\sigma| = \begin{cases} 1 & \text{перестановка } \sigma \text{ чётная} \\ -1 & \text{перестановка } \sigma \text{ нечётная} \end{cases}$$

Теорема 6.7.4. *Если полилинейное отображение f косо симметрично, то*

(6.7.11) $$f_{i_1,...,i_n} = |\sigma| f_{\sigma(i_1),...,\sigma(i_n)}$$

Доказательство. Равенство (6.7.11) следует из равенства

$$
\begin{aligned}
a_1^{i_1}...a_n^{i_n} f_{i_1...i_n} &= f \circ (a_1, ..., a_n) \\
&= |\sigma| f \circ (\sigma(a_1), ..., \sigma(a_n)) \\
&= a_1^{i_1}...a_n^{i_n} |\sigma| f_{\sigma(i_1)...\sigma(i_n)}
\end{aligned}
$$

$\square$

Теорема 6.7.5. *Пусть A - свободная конечно мерная ассоциативная алгебра над кольцом D. Пусть $\overline{\overline{I}}$ - базис алгебры $\mathcal{L}(D; A \to A)$. Пусть $\overline{\overline{e}}$ - базис алгебры A над кольцом D. Пусть полилинейное над кольцом D отображение f порождено набором отображений $(I_{k_1}, ..., I_{k_n})$. Координаты отображения f и его компоненты относительно базиса $\overline{\overline{e}}$ удовлетворяют равенству*

$$(6.7.12) \qquad f_{l_1...l_n} = f_{t \cdot k_1...k_n}^{i_0...i_n} I_{k_1 \cdot l_1}^{j_1} ... I_{k_n \cdot l_n}^{j_n} C_{i_0 \sigma_t(j_1)}^{k_1} C_{k_1 i_1}^{l_1} ... B_{l_{n-1} \sigma_t(j_n)}^{k_n} C_{k_n i_n}^{l_n} \overline{e}_{l_n}$$

$$(6.7.13) \qquad f_{l_1...l_n}^p = f_{t \cdot k_1...k_n}^{i_0...i_n} I_{k_1 \cdot l_1}^{j_1} ... I_{k_n \cdot l_n}^{j_n} C_{i_0 \sigma_t(j_1)}^{k_1} C_{k_1 i_1}^{l_1} ... C_{l_{n-1} \sigma_t(j_n)}^{k_n} C_{k_n i_n}^p$$

Доказательство. В равенстве (6.7.1) положим

$$I_{k_i} \circ a_i = \overline{e}_{j_i} I_{k_i \cdot l_i}^{j_i} a_i^{l_i}$$

Тогда равенство (6.7.1) примет вид

$$
\begin{aligned}
(6.7.14) \quad f \circ (a_1, ..., a_n) &= f_{t \cdot k_1...k_n}^{i_0...i_n} \overline{e}_{i_0} \sigma_t(a_1^{l_1} I_{k_1 \cdot l_1}^{j_1} \overline{e}_{j_1}) \overline{e}_{i_1} ... \sigma_t(a_n^{l_n} I_{k_n \cdot l_n}^{j_n} \overline{e}_{j_n}) \overline{e}_{i_n} \\
&= a_1^{l_1}...a_n^{l_n} f_{t \cdot k_1...k_n}^{i_0...i_n} I_{k_1 \cdot l_1}^{j_1} ... I_{k_n \cdot l_n}^{j_n} \overline{e}_{i_0} \sigma_t(\overline{e}_{j_1}) \overline{e}_{i_1} ... \sigma_t(\overline{e}_{j_n}) \overline{e}_{i_n} \\
&= a_1^{l_1}...a_n^{l_n} f_{t \cdot k_1...k_n}^{i_0...i_n} I_{k_1 \cdot l_1}^{j_1} ... I_{k_n \cdot l_n}^{j_n} C_{i_0 \sigma_t(j_1)}^{k_1} C_{k_1 i_1}^{l_1} \\
&\qquad ... C_{l_{n-1} \sigma_t(j_n)}^{k_n} C_{k_n i_n}^{l_n} \overline{e}_{l_n}
\end{aligned}
$$

Из равенства (6.7.6) следует

$$(6.7.15) \qquad f \circ (a_1, ..., a_n) = \overline{e}_p f_{i_1...i_n}^p a_1^{i_1}...a_n^{i_n}$$

Равенство (6.7.12) следует из сравнения равенств (6.7.14) и (6.7.6). Равенство (6.7.13) следует из сравнения равенств (6.7.14) и (6.7.15). $\square$

Список литературы

[1] Серж Ленг, Алгебра, М. Мир, 1968

[2] П. К. Рашевский, Риманова геометрия и тензорный анализ, М., Наука, 1967

[3] Александр Клейн, Представление универсальной алгебры, eprint arXiv:0912.3315 (2010)

[4] Александр Клейн, Линейные отображения свободной алгебры, eprint arXiv:1003.1544 (2010)

[5] Александр Клейн.
Линейная алгебра над телом: Векторное пространство.
CreateSpace Independent Publishing Platform, 2014;
ISBN-13: 978-1499323948

[6] Александр Клейн.
Нормированная Ω-группа.
CreateSpace Independent Publishing Platform, 2015;
ISBN-13: 978-1505992359

[7] John C. Baez, The Octonions,
eprint arXiv:math.RA/0105155 (2002)

[8] П. Кон, Универсальная алгебра, М., Мир, 1968

[9] Richard D. Schafer, An Introduction to Nonassociative Algebras, Dover Publications, Inc., New York, 1995

Предметный указатель

Специальные символы и обозначения

www.ingramcontent.com/pod-product-compliance
Lightning Source LLC
Chambersburg PA
CBHW050852180526
45159CB00007B/2652